国家出版基金资助项目／"十三五"国家重点出版物
绿色再制造工程著作
总主编　徐滨士

再制造工程管理与实践

REMANUFACTURING ENGINEERING MANAGEMENT AND PRACTICE

徐滨士　史佩京　等编著

哈尔滨工业大学出版社
HARBIN INSTITUTE OF TECHNOLOGY PRESS

内容简介

本书提出了再制造工程管理的概念与框架，分析了国内外再制造产业的发展现状和我国再制造产业发展面临的机遇与挑战，论述了再制造逆向物流、再制造企业管理、再制造标准管理、再制造质量管理等内容，最后介绍了产业规模较大的再制造工程管理实践案例及其经济效益、社会效益和生态效益。

本书可供从事设备管理、工业、经济研究以及机械工程、材料工程、环保工程等相关方面工作的科技人员参考，也可作为高等院校相关专业的教材。

图书在版编目(CIP)数据

再制造工程管理与实践/徐滨士等编著. —哈尔滨：哈尔滨工业大学出版社，2019.6

绿色再制造工程著作

ISBN 978－7－5603－8145－9

Ⅰ.①再… Ⅱ.①徐… Ⅲ.①制造工业－工程管理 Ⅳ.①F407.4

中国版本图书馆 CIP 数据核字(2019)第 073108 号

材料科学与工程
图书工作室

策划编辑	张秀华 杨 桦 许雅莹
责任编辑	刘 瑶 那兰兰 王晓丹
封面设计	卞秉利
出版发行	哈尔滨工业大学出版社
社 址	哈尔滨市南岗区复华四道街 10 号 邮编 150006
传 真	0451－86414749
网 址	http://hitpress.hit.edu.cn
印 刷	哈尔滨市石桥印务有限公司
开 本	660 mm×980 mm 1/16 印张 14.5 字数 260 千字
版 次	2019 年 6 月第 1 版 2019 年 6 月第 1 次印刷
书 号	ISBN 978－7－5603－8145－9
定 价	88.00 元

(如因印装质量问题影响阅读，我社负责调换)

《绿色再制造工程著作》

编 委 会

主　任　徐滨士
副主任　刘世参　董世运
委　员（按姓氏音序排列）

陈　茜　董丽虹　郭　伟　胡振峰
李福泉　梁　义　刘渤海　刘玉欣
卢松涛　吕耀辉　秦　伟　史佩京
王海斗　王玉江　魏世丞　吴晓宏
邢志国　闫世兴　姚巨坤　于鹤龙
张　伟　郑汉东　朱　胜

《绿色再制造工程著作》

丛书书目

1. 绿色再制造工程导论　　　　　　　　　徐滨士　等编著
2. 再制造设计基础　　　　　　　　　　　朱　胜　等著
3. 装备再制造拆解与清洗技术　　　　　　张　伟　等编著
4. 再制造零件无损评价技术及应用　　　　董丽虹　等编著
5. 纳米颗粒复合电刷镀技术及应用　　　　徐滨士　等著
6. 热喷涂技术及其在再制造中的应用　　　魏世丞　等编著
7. 轻质合金表面功能化技术及应用　　　　吴晓宏　等著
8. 等离子弧熔覆再制造技术及应用　　　　吕耀辉　等编著
9. 激光增材再制造技术　　　　　　　　　董世运　等编著
10. 再制造零件与产品的疲劳寿命评估技术　王海斗　等著
11. 再制造效益分析理论与方法　　　　　　徐滨士　等编著
12. 再制造工程管理与实践　　　　　　　　徐滨士　等编著

序　言

推进绿色发展，保护生态环境，事关经济社会的可持续发展，事关国家的长治久安。习近平总书记提出"创新、协调、绿色、开放、共享"五大发展理念，党的十八大报告也明确了中国特色社会主义事业的"五位一体"的总体布局，强调"把生态文明建设放在突出地位，融入经济建设、政治建设、文化建设、社会建设各方面和全过程，努力建设美丽中国，实现中华民族永续发展"，并将绿色发展阐述为关系我国发展全局的重要理念。党的十九大报告继续强调推进绿色发展、牢固树立社会主义生态文明观。建设生态文明是关系人民福祉、关乎民族未来的大计，生态环境保护是功在当代、利在千秋的事业。推进生态文明建设是解决新时代我国社会主要矛盾的重要战略突破，是把我国建设成社会主义现代化强国的需要。发展再制造产业正是促进制造业绿色发展、建设生态文明的有效途径，而《绿色再制造工程著作》丛书正是树立和践行绿色发展理念、切实推进绿色发展的思想自觉和行动自觉。

再制造是制造产业链的延伸，也是先进制造和绿色制造的重要组成部分。国家标准《再制造　术语》(GB/T 28619—2012)对"再制造"的定义为："对再制造毛坯进行专业化修复或升级改造，使其质量特性(包括产品功能、技术性能、绿色性、经济性等)不低于原型新品水平的过程。"并且再制造产品的成本仅是新品的50%左右，可实现节能60%、节材70%、污染物排放量降低80%，经济效益、社会效益和生态效益显著。

我国的再制造工程是在维修工程、表面工程基础上发展起来的，采取了不同于欧美的以"尺寸恢复和性能提升"为主要特征的再制造模式，大量应用了零件寿命评估、表面工程、增材制造等先进技术，使旧件尺寸精度恢复到原设计要求，并提升其质量和性能，同时还可以大幅度提高旧件的再制造率。

我国的再制造产业经过将近20年的发展，历经了产业萌生、科学论证和政府推进三个阶段，取得了一系列成绩。其持续稳定的发展，离不开国家政策的支撑与法律法规的有效规范。我国再制造政策、法律法规经历了一个从无到有、不断完善、不断优化的过程。《循环经济促进法》《中共中央关于制定国民经济和社会发展第十三个五年规划的建议》《战略性新兴产业重点产品和服务指导目录(2016版)》《关于加快推进生态文明建设的意见》和《高端智能再制造行动计划(2018—2020年)》等明确提出支持再制造产业的发展,再制造被列入国家"十三五"战略性新兴产业,《中国制造2025》也提出:"大力发展再制造产业,实施高端再制造、智能再制造、在役再制造,推进产品认定,促进再制造产业持续健康发展。"

再制造作为战略性新兴产业,已成为国家发展循环经济、建设生态文明社会的最有活力的技术途径,从事再制造工程与理论研究的科技人员队伍不断壮大,再制造企业数量不断增多,再制造理念和技术成果已推广应用到国民经济和国防建设各个领域。同时,再制造工程已成为重要的学科方向,国内一些高校已开始招收再制造工程专业的本科生和研究生,培养的年轻人才和从业人员数量增长迅速。但是,再制造工程作为新兴学科和产业领域,国内外均缺乏系统的关于再制造工程的著作丛书。

我们清楚编撰再制造工程著作丛书的重大意义,也感到应为国家再制造产业发展和人才培养承担一份责任,适逢哈尔滨工业大学出版社的邀请,我们组织科研团队成员及国内一些年轻学者共同撰写了《绿色再制造工程著作》丛书。丛书的撰写,一方面可以系统梳理和总结团队多年来在绿色再制造工程领域的研究成果,同时进一步深入学习和吸纳相关领域的知识与新成果,为我们的进一步发展夯实基础;另一方面,希望能够吸引更多的人更系统地了解再制造,为学科人才培养和领域从业人员业务水平的提高做出贡献。

本丛书由12部著作组成,综合考虑了再制造工程学科体系构成、再制造生产流程和再制造产业发展的需要。各著作内容主要是基于作者及其团队多年来取得的科研与教学成果。在丛书构架等方面,力求体现丛书内容的系统性、基础性、创新性、前沿性和实用性,涵盖了绿色再制造生产流程中的绿色清洗、无损检测评价、再制造工程设计、再制造成形技术、再制造零件与产品的寿命评估、再制造工程管理以及再制造经济效益分析等方面。

在丛书撰写过程中,我们注意突出以下几方面的特色:

1. 紧密结合国家循环经济、生态文明和制造强国等国家战略和发展规划,系统归纳、总结和提炼绿色再制造工程的理论、技术、工程实践等方面的研究成果,同时突出重点,体现丛书整体内容的体系完整性及各著作的相对独立性。

2. 注重内容的先进性和新颖性。丛书内容主要基于作者完成的国家、部委、企业等的科研项目,且其成果已获得多项国家级科技成果奖和部委级科技成果奖,所以著作内容先进,其中多部著作填补领域空白,例如《纳米颗粒复合电刷镀技术及应用》《再制造零件与产品的疲劳寿命评估技术》和《再制造工程管理与实践》等。同时,各著作兼顾了再制造工程领域国内外的最新研究进展和成果。

3. 体现以下几方面的"融合":(1)再制造与环境保护、生态文明建设相融合,力求突出再制造工艺流程和关键技术的"绿色"特性;(2)再制造与先进制造相融合,力求从再制造基础理论、关键技术和应用实现等多方面系统阐述再制造技术及其产品性能和效益的优越性;(3)再制造与现代服务相融合,力求体现再制造物流、再制造标准、再制造效益等现代装备服务业及装备后市场特色。

在此,感谢国家发展改革委、科技部、工信部等国家部委和中国工程院、国家自然科学基金委员会及国内多家企业在科研项目方面的大力支持,这些科研项目的成果构成了丛书的主体内容,也正是基于这些项目成果,我们才能够撰写本丛书。同时,感谢国家出版基金管理委员会对本丛书出版的大力支持。

本丛书适于再制造领域的科研人员、技术人员、企业管理人员参考,也可供政府相关部门领导参阅;同时,本丛书可以作为材料科学与工程、机械工程、装备维修等相关专业的研究生和高年级本科生的教材。

中国工程院院士

徐滨士

2019 年 5 月 18 日

前　言

党的十九大报告指出,要推进绿色发展,推进资源全面节约和循环利用。再制造作为制造产业链的延伸,是先进制造和绿色制造的重要组成部分,是实现资源高效循环利用的最佳途径之一。再制造被列入国家"十三五"战略性新兴产业,《中国制造2025》也提出:"大力发展再制造产业,实施高端再制造、智能再制造、在役再制造,推进产品认定,促进再制造产业持续健康发展。"再制造产品的质量特性不低于原型新品水平,而成本仅是新品的50％左右,可实现节能60％、节材70％、污染物排放量降低80％,经济效益、社会效益和生态效益显著。

再制造工程涉及技术、标准、政策、法规和管理等,是一项复杂的系统工程,因此,需要对再制造工程进行科学的管理,优化配置再制造活动所需的内外部资源,发挥政策、市场、技术的优势作用,结合再制造产业实践开展卓有成效的工作。

加强再制造工程管理对推进再制造产业、加快发展循环经济具有深远意义。本书在分析再制造工程的内涵、国内外再制造产业发展现状和我国再制造产业发展面临的机遇与挑战的基础上,阐述了再制造工程管理的内涵,梳理了国内已发布的再制造政策及法律、法规;详细论述了再制造逆向物流、再制造企业管理和再制造产品质量管理等,构建了基于全寿命周期、多层面、全流程的再制造标准体系框架,形成了多指标体系的再制造标准体系,提出了我国再制造标准发展技术路线图;在此基础上,介绍了已经形成较大产业规模的重载车辆发动机再制造、机床再制造、工程机械再制造、复印机再制造、矿山机械及冶金装备再制造的现状和经济效益、社会效益与生态效益。

本书由徐滨士院士指导撰写,书中各章的撰写人员分别为:第1章,徐滨士、董世运;第2章,徐滨士、史佩京;第3章,李恩重、于鹤龙、周新远;第4章,李恩重、刘渤海、姚巨坤、王文宇;第5章,郑汉东、桑凡、魏敏、夏丹;

第 6 章,梁秀兵、刘渤海、董丽虹、汪勇;第 7 章,李恩重、郑汉东、张伟、周新远;第 8 章,董世运、史佩京、梁秀兵、于鹤龙、王红美、赵阳。本书由史佩京、梁秀兵、李恩重统稿,由杨善林院士主审。

本书得到了国家自然科学基金项目、中国工程院咨询项目、国家科技支撑计划、国家质检公益项目等的资助,同时得到了多家科研院所和再制造企业的大力支持。本书部分内容参考了同行的著作及研究报告,在此,衷心感谢对本书出版做出贡献和提供帮助的单位与个人。

由于再制造工程是一门新兴交叉学科,再制造产业属于国家战略性新兴产业,再制造技术涉及内容丰富,发展迅速,再制造工程管理的许多理论研究还不够成熟,加之作者水平有限,书中不妥之处敬请斧正。

编　者
2018 年 10 月

目　　录

第1章　绪论 ··· 1
　1.1　再制造工程的内涵 ·· 1
　1.2　国内外再制造产业的发展概况 ································ 11
　本章参考文献 ·· 40

第2章　再制造工程管理 ·· 43
　2.1　工程管理 ·· 43
　2.2　再制造工程管理 ·· 43
　2.3　再制造工程管理基础理论 ······································· 47
　2.4　再制造工程管理的重要意义 ···································· 50
　本章参考文献 ·· 51

第3章　我国再制造政策及法律、法规 ···························· 53
　本章参考文献 ·· 59

第4章　再制造逆向物流管理 ··· 61
　4.1　再制造逆向物流的内涵与主要环节 ·························· 61
　4.2　再制造废旧产品的回收与拆解管理 ·························· 68
　4.3　再制造生产管理 ·· 74
　4.4　再制造产品的售后服务 ·· 81
　4.5　再制造产业发展中存在的问题及应对策略 ················ 87
　本章参考文献 ·· 90

第5章　再制造企业管理 ·· 93
　5.1　企业管理 ·· 93
　5.2　再制造企业管理 ·· 100
　本章参考文献 ·· 104

第6章　再制造标准管理 ·· 105
　6.1　国内外再制造标准化现状 ······································· 106

1

6.2 我国再制造标准体系的构建 …………………………………… 115
6.3 我国再制造标准发展技术路线图 ……………………………… 127
6.4 我国再制造标准化发展建议 …………………………………… 139
本章参考文献 …………………………………………………… 140

第7章 再制造质量管理 …………………………………………… 141
7.1 再制造质量管理的特点 ………………………………………… 141
7.2 再制造质量管理的特殊性及要求 ……………………………… 142
7.3 再制造质量管理方法 …………………………………………… 148
7.4 再制造质量管理体系 …………………………………………… 155
本章参考文献 …………………………………………………… 161

第8章 再制造工程管理实践 ……………………………………… 164
8.1 汽车发动机再制造 ……………………………………………… 164
8.2 航空发动机再制造 ……………………………………………… 183
8.3 老旧机床再制造 ………………………………………………… 191
8.4 复印机再制造 …………………………………………………… 202
8.5 坦克发动机再制造 ……………………………………………… 206
本章参考文献 …………………………………………………… 216

名词索引 …………………………………………………………… 218

第1章 绪　　论

1.1 再制造工程的内涵

当今我国经济社会高速发展带来的资源、环境和气候变化问题十分突出,工业化、城镇化进程一方面推动了经济高速发展和社会进步,另一方面也加剧了资源环境约束等问题。保护地球环境、构建循环经济、保持社会经济可持续发展已成为世界各国共同关注的话题,绿色制造和循环经济是人类社会可持续发展的基础,是制造业未来的发展方向。《中国制造2025》中提出坚持创新驱动、智能转型、强化基础、绿色发展。绿色、智能是制造业转型的主要方向,坚持绿色发展,推行绿色制造是关键举措。再制造作为绿色制造的典型形式,是实现工业循环式发展的必然选择。再制造作为国家新兴战略性产业,是资源再生的高级形式,是制造业转型升级的重要方向,也是发展循环经济,建设资源节约型、环境友好型社会的重要举措,更是推进绿色发展、循环发展、低碳发展,促进生态文明建设的重要载体,高度契合了国家发展循环经济的战略。

1.1.1 再制造工程的定义

从学科含义上讲,再制造工程是以装备全寿命周期设计和管理为指导,以废旧装备实现性能跨越式提升为目标,以优质、高效、节能、节材、环保为准则,以先进技术和产业化生产为手段,对废旧装备进行修复和改造的一系列技术措施或工程活动的总称。从实际生产角度讲,再制造是指对全寿命周期内回收的废旧装备进行拆解和清洗,对失效零部件进行专业化修复(或替换),通过产品再装配,使得再制造产品达到与原型产品相同质量和性能的再循环过程。

2012年,我国颁布了《再制造 术语》(GB/T 28619—2012),首次对"再制造"进行定义。

再制造:对再制造毛坯进行专业化修复或升级改造,使其质量特性不低于原型产品水平的过程。

注1:其中质量特性包括产品功能、技术性能、绿色性及经济性等。

注2：再制造过程一般包括再制造毛坯的回收、废旧产品检测、拆解、清洗、分类、评估、修复加工、再装配、质量检测、标识及包装等。

2012年，英国国家标准《制造、装配、拆解和报废的设计再制造过程规范》(BS 8887-211:2012)中将"再制造"定义为：将使用过的产品的外观和功能恢复到至少其原始制造状态(remanufacturing: process that brings a previously used product back to at least its original manufactured state, in an "as-new" condition both cosmetically and functionally)。

2017年，美国国家标准《再制造过程技术规范》(RIC 001.1-2016)中将"再制造"定义为：通过严格的质量控制，将出售、租赁、使用、磨损或者非功能性的产品或部件恢复到质量和性能不低于原型产品的生产过程，具有质量和性能可控、可重复和可持续等特征(remanufacturing: a comprehensive and rigorous industrial process by which a prviously sold, leased, used, worn, or non-functional product or part is returned to an "as-new" or "better-than-new" condition, from both a quality and performance perspective, through a controlled, reproducible and sustainable process)。

无论是我国的再制造标准还是国外的再制造标准，均强调再制造产品的质量和性能不低于原型产品，这是再制造区别于大修、翻新的主要特征。

再制造工程包括以下两个主要部分：

(1) 再制造加工。主要针对达到物理寿命和经济寿命而报废的产品，在失效分析和寿命评估的基础上，把蕴含使用价值以及由于功能性损坏或技术性淘汰等原因不再使用的产品作为再制造毛坯，采用表面工程等先进技术进行加工，使其性能和尺寸迅速恢复，甚至超过原型产品。

(2) 过时产品的性能升级。主要针对已达到技术寿命的产品或不符合可持续发展要求的产品，通过技术改造、更新，特别是通过使用新材料、新技术、新工艺等，改善产品的技术性能，延长产品的使用寿命，减少环境污染。性能过时的机电产品往往是几项关键指标落后，不等于所有的零部件都不能再使用，采用新技术镶嵌的方式进行局部改造，就可以使原型产品跟上时代的性能要求。

1.1.2 再制造在产品全寿命周期中的地位

全寿命周期理论是指在设计阶段就考虑到产品寿命历程的所有环节，将所有相关因素在产品设计阶段得到综合规划和优化的一种设计理论。全寿命周期设计意味着，设计产品不仅是设计产品的功能和结构，而且要设计产品的规划、生产、经销、运行、使用、维修保养、直到回收再处置的全寿命周期过程。

装备发展的实践证明,装备全寿命周期管理不仅要考虑装备的论证、设计和制造的前期阶段,而且还要考虑装备的使用、维修直至报废品处理的后期阶段。再制造工程在综合考虑环境和资源效率问题的前提下,在产品报废后,能够高质量地提高产品或零部件的重新使用次数和重新使用率,从而使产品的寿命周期成倍延长,甚至形成产品的多寿命周期。因此,再制造工程是对产品全寿命周期的延伸和拓展,赋予了废旧产品新的寿命,形成了产品的多寿命周期循环。

目前,国内外越来越重视产品的全寿命周期管理。传统的产品寿命周期是"研制—使用—报废",其物流是一个开环系统。在产品寿命周期中采用再制造方式,可以实现理想的绿色产品循环寿命周期,将其变废为宝,起死回生,即其寿命周期是"研制—使用—报废—再生",形成一个闭环的循环服役系统。国家标准《机械产品再制造 通用技术要求》(GB/T 28618—2012)规定了机械产品再制造流程,如图1.1所示。

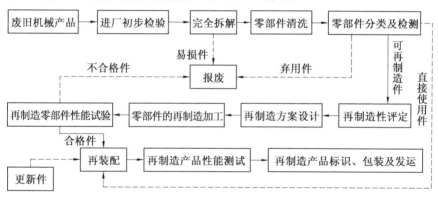

图 1.1 机械产品再制造流程图

1.1.3 再制造与维修及再循环的关系

1. 再制造与维修的相同点

当装备发生故障无法正常服役时,只有通过维修或再制造来恢复其性能。再制造与维修主要的相同点是二者均采用专有技术,对故障装备进行延长使用寿命的活动,从而避免由重新购置装备而导致的生产成本的增加,但是这在一定程度上造成了社会各界对再制造的误解,片面地认为再制造实质上就是维修,束缚了再制造产业的广泛应用。

2. 再制造与维修的不同点

维修是为了保持和恢复设备良好状态而进行的修复性活动,是在装备服役阶段为保持装备良好状况和正常运行而对故障装备采取的修复措施,常具有随机性与应急性。再制造与维修最主要的不同点表现如下:

(1) 成品质量不同。维修只是针对在使用年限内且没有完全报废的装备,目的是故障装备可以继续服役。而再制造可使废旧装备的质量和性能恢复至新装备状态。

(2) 加工技术不同。再制造比维修包含更多的高新技术,如高新表面工程技术、纳米热处理技术、数控化改造技术、抗疲劳修复技术、快速成形技术及其他加工技术等。

(3) 工艺流程不同。再制造包括再制造性设计阶段、再制造生产阶段、再制造装备使用阶段的维护、再制造装备回收阶段等循环过程。维修只是考虑故障装备的修理过程。

(4) 经济效益不同。再制造不但可以通过延长装备的使用寿命获取经济效益,还可以通过充分提取废旧装备的制造活动成本、能源消耗成本和设备工具消耗成本等附加值来获取经济效益。

(5) 活动时间不同。维修主要是在装备发生故障时开始活动。由于回收零部件的性能状态不同,对其进行再制造时需要采用不同的工艺流程,因此,再制造的时间会存在较大的不确定性。德国拜罗伊特大学的罗尔夫·施泰因希尔佩教授对开始再制造加工时间给出了一个结论:准备进行再制造的废旧装备中许多零部件只是处于其失效寿命的第二个阶段,即偶发故障期,此阶段的装备失效率非常低,可靠性期望值很高。图 1.2 是罗尔夫·施泰因希尔佩教授提出的装备再制造加工开始时间示意图。

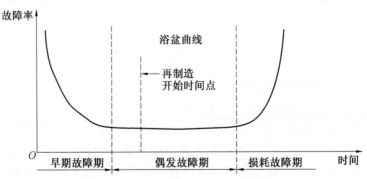

图 1.2 装备再制造加工开始时间示意图

3. 再制造与再循环

再循环是指将废旧产品回收到能够重新利用资源的过程,其工艺过程主要包括拆解、粉碎、分离或燃烧等步骤。根据所回收资源的形式、性能及用途,再循环可分为原态再循环和易态再循环。前者是指回收到与废旧产品具有相同性能的材料;后者是指将废旧产品回收成其他低级用途材料或者能量资源。再循环一般用于可消费品(如报纸、玻璃瓶等),也可用于耐用品(如汽车发动机、机电产品等)。

但无论哪种再循环方式,都破坏了原零部件的形状和性能,销毁了原型产品在第一次制造过程中赋予产品的全部附加值,仅仅回收了部分材料或能量,同时在回收过程中注入了大量的新能源。而且在再循环过程中粉碎、分离等环节要产生大量的废水,所以再循环是废旧机电产品资源化的一种低级形式。

再制造不同于再循环,再制造可以最大限度地获得废旧零部件中蕴含的附加值。大量零部件的直接或再制造后的重用,使得再制造产品性能在达到或超过原型产品的情况下,生产成本可以远远低于原型产品,因此,再制造是废旧机电产品资源化的最佳形式和首选途径。

目前,许多国家已经开始加强立法来鼓励设计和生产环保产品。近年来,环境友好的生态产品绿色市场已经发展起来了。世界上有许多生态标志,如美国的"绿色标签"(Green Seal)、德国的"蓝鹰标志"(Blue Angle)及日本的"生态标志"(Ecomark)。由于生态产品的成本要高于普通产品,因此发展缓慢。而再制造产品是生态产品,且其成本低于原型产品,因此,有着广阔的发展前景。然而,目前许多消费者对再制造产品还存在片面认识,认为再制造产品是"二手货"或"翻新品",不愿购买或使用。而再制造的突出特征是将废旧产品回收拆卸后,按零部件的类型进行收集和检测,将有再制造价值的废旧产品作为再制造毛坯,利用高新技术对其进行批量化修复、性能升级,使其质量特性达到或优于原型产品水平的制造过程。

1.1.4 再制造的主要特征

我国的再制造发展经历了产业萌生、科学论证和政府推进3个主要阶段,经十余年的创新发展,已形成了"以尺寸恢复和性能提升"为特征的中国特色再制造。中国特色的再制造是在维修工程、表面工程基础上发展起来的,大量应用了寿命评估技术、复合表面工程、纳米表面工程和自动化表面工程等先进技术,可以使废旧产品尺寸精度恢复到原设计要求,并提升零部件的质量和性能。我国的这种以尺寸恢复和性能提升为主的再制造模式,在提升再制造产品质量的同时,还可大幅度提高废旧产品的再制造率,例如,斯太尔发动机的再制造率(指再制造废旧产品占再制造产品的质量比)比国外提高了10%。再制造产品的重要特征是其质量特性不低于原型产品,再制造与制造原型产品相比,可节能60%、节材70%、大气污染物排放量降低80%以上。再制造迎合了传统生产和消费模式的巨大变革需求,是实现废旧机电产品循环利用的重要途径,是资源再生的高级形式,也是发展循环经济,建设资源节约型、环境友好型社会的重要举措,更是推进绿色发展、低碳发展,促进生态文明建设的重要载体。

再制造优先考虑产品的可回收性、可拆解性、可再制造性和可维护性等属性的同时,保证产品的基本目标(优质、高效、节能、节材等),从而使退役产品在对环境的负面影响最小、资源利用率最高的情况下重新达到最佳的性能,并实现企业经济效益和社会效益协调优化。

1.1.5 再制造工程的关键技术

再制造工程是在装备维修保障的实践中,在装备维修工程、表面工程等相关学科不断发展、交叉、综合的基础上逐步发展起来的。再制造工程与维修工程、表面工程、制造工程和环境工程等密不可分。我国自主创新的再制造发展模式是表面工程在装备再制造领域的应用实践中逐步探索形成的。它包含的内容十分广泛,涉及机械工程、材料科学与工程、信息科学与工程和环境科学与工程等多种学科。再制造工程的关键技术所包含的种类也十分广泛,主要包括再制造设计技术、再制造系统规划技术、再制造拆解与清洗技术、再制造损伤评价与寿命评估技术、再制造成形加工技术、再制造标准体系等,如图1.3所示。

1.1 再制造工程的内涵

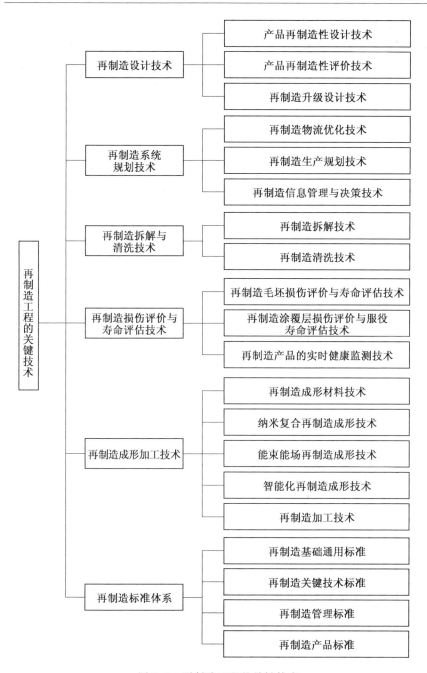

图 1.3 再制造工程的关键技术

1. 再制造设计技术

再制造设计技术是指根据再制造产品要求，通过运用科学决策方法和先进技术，对再制造工程中的废旧产品回收、再制造生产及再制造产品市场营销等所有生产环节、技术单元和资源利用进行全面规划，最终形成最优化再制造方案的过程。产品再制造设计主要研究对废旧产品再制造系统（包括技术、设备、人员）的功能、组成、建立及其运行规律的设计，研究产品设计阶段的再制造性等。其主要目的是应用全系统、全寿命过程的观点，采用现代科学技术的方法和手段，使设计的产品具有良好的再制造性，并优化再制造保障的总体设计、宏观管理及工程应用，促进再制造保障各系统之间达到最佳匹配与协调，以实现及时、高效、经济和环保的再制造生产。再制造设计是实现废旧产品再制造保障的重要内容，主要包括产品再制造性设计技术、产品再制造性评价技术及再制造升级设计技术。

2. 再制造系统规划技术

再制造系统规划管理与原型产品制造系统管理的区别主要在于毛坯来源及生产工艺的不同，制造过程是以新的原材料作为输入，经过加工制成产品，供应是一个典型的内部变量，其时间、数量、质量是由内部需求决定的。而再制造是以废旧产品中那些可以继续使用或通过再制造加工可以再使用的零部件作为毛坯输入，供应基本上是一个外部变量，很难预测。再制造物流优化技术是指以再制造生产为目的，为重新获取废旧产品的利用价值，使其从消费地到再制造生产企业的流动过程，主要包括逆向物流流程分析、再制造逆向物流的管理、再制造物流的仓储管理及再制造物流的管理控制。再制造生产规划技术是在完成废旧产品再制造加工任务过程中，具体对人员、时间、现场、器材、能源、经费等相关作业要素实现作业目标的规划与活动，是产品再制造生产中最核心的内容，主要包括柔性再制造生产系统、虚拟再制造生产系统、快速再制造成形系统、成组再制造生产系统、清洁再制造生产系统等。再制造信息管理与决策技术是再制造企业在完成再制造任务过程中，建立再制造信息网络，采集、处理、运用再制造信息所从事的管理活动，主要包括再制造信息采集、再制造资源信息管理与规划、再制造信息管理系统设计与开发等。

3. 再制造拆解与清洗技术

拆解与清洗是产品再制造过程中的重要工序，是对废旧产品及其零部件进行检测和再制造成形加工的前提，也是影响再制造质量和效率的重要因素。再制造拆解是指将再制造毛坯进行拆卸、解体的活动。再制造拆解技术是对废旧产品的拆解工艺过程中所用到的全部工艺技术与方法的统称。科学的再制造拆解工艺能够有效地保证再制造产品质量,提高废旧产品利用率,减少再制造生产时间和费用,提高再制造的环保效益。再制造拆解技术主要包括可拆解性设计技术、拆解规划(包括拆解的模型、拆解序列算法、序列的优化、智能拆解等)、拆解的评估体系软硬件开发及拆解装备等。

再制造清洗是指借助清洗设备或清洗液,采用机械、物理、化学或电化学方法,去除废旧零部件表面附着的油脂、锈蚀、泥垢、积炭和其他污染物,使零部件表面达到检测分析、再制造加工及装配所要求的清洁度的过程。再制造清洗技术可以从多种不同的角度进行分类。通常将利用机械或水力作用清除表面污垢的技术归为物理清洗技术。物理清洗还包括利用热能、电能、超声振动及光学紫外射线等作用方式。而化学清洗通常是利用化学试剂或其他溶液去除表面污垢,去污的原理是利用相关的化学反应。常用的再制造清洗技术包括溶液清洗、吸附清洗、热能清洗、喷射清洗、摩擦与研磨清洗、超声波清洗、光清洗、等离子体清洗等。

零部件的无损拆解和表面清洗质量直接影响零部件的分析检测、再制造加工及装配等工艺过程,进而影响再制造产品的成本、质量和性能。再制造拆解和清洗技术是进行再利用、再制造及循环处理的前提,对提高废旧零部件的利用率,提升再制造企业的市场竞争力具有重要意义,研究发展再制造拆解和清洗技术已成为当前再制造产业发展的迫切需求。

4. 再制造损伤评价与寿命评估技术

再制造损伤评价与寿命评估技术是指通过定量评估再制造毛坯、涂覆层及界面具有宏观尺度的缺陷或以应力集中为表征的隐性损伤程度,进而评价再制造毛坯的剩余寿命与再制造涂覆层的服役寿命,并据此判断毛坯件能否再制造和再制造涂覆层能否承担下一轮服役周期的评价技术。再制造损伤评价与寿命评估技术包括针对再制造毛坯开展的表面和内部损伤评价及剩余寿命预测技术,如宏观缺陷评价及寿命评估技术、隐性损伤评价及寿命评估技术、多信息融合损伤评价与寿命评估技术;针对再制造涂覆层开展的涂层缺陷、残余应力、结合强度等损伤评价与服役寿命评估技术,如再制造涂覆层缺陷评价及寿命评估技术、涂层结合强度测试评价技术、涂层残余应力测试评价技术;针对逆向增材再制造获得的再制造产品重新服役过程中的实时健康监测技术,如光纤智能传感实时监测技术、压电智能传感监测技术、远程健康监测技术等。

5. 再制造成形加工技术

再制造成形加工技术是在再制造毛坯损伤部位沉积成形特定材料,以恢复其尺寸、提升其性能的材料成形加工技术。再制造成形加工技术与传统制造技术具有本质区别,传统制造技术的对象是原始资源,而再制造成形加工的对象是经过服役的损伤零部件。由于再制造零部件通常具有较长服役时间,因此再制造成形加工技术大多晚于零部件的材料制备技术出现,但却优于后者,这也是利用再制造成形加工技术能在恢复损伤零部件尺寸的同时,提升其性能的重要原因。再制造成形加工技术是再制造技术体系的关键组成部分,是实现废旧零部件再制造、保证再制造产品质量、推动再制造生产活动的基础。再制造成形加工技术在再制造产业中发挥着重要作用,已成为再制造领域研究和应用的重点。近年来,再制造成形加工技术大量吸收了新材料、信息技术、微纳技术、先进制造等领域的最新技术成果,在再制造成形集约化材料、增材再制造成形加工技术、自动化及智能化再制造成形加工技术以及现场快速再制造成形加工技术等方面取得了突破性进展。再制造成形加工技术主要包括再制造成形材料技术、纳米复合再制造成形技术、能束能场再制造成形技术、智能化再制造成形技术和再制造加工技术等。

6. 再制造标准体系

系统、完善的再制造标准体系是再制造产业得以良性发展的重要保障。在再制造产业化发展过程中,标准先行可以引导再制造技术发展,提升再制造产品质量,引领企业参与高水平竞争。先进的技术标准能够促使再制造企业以技术标准驱动工艺改进、带动技术进步、拉动管理提升,从而提高再制造企业的自主创新能力,推动再制造产业实现可持续发展。再制造标准体系包括再制造基础通用标准,如术语、标示、通用规范、技术要求及数据库等标准;再制造关键技术标准,如再制造设计、拆解与清洗、再制造损伤评价与寿命评估技术、再制造成形加工等标准;再制造管理标准,如再制造环境管理体系标准、再制造能耗管理标准、再制造绿色供应链管理标准、再制造职业健康与安全管理标准、再制造企业认证制度、再制造市场监管制度、再制造市场准入等标准;再制造产品标准,如航空发动机、智能绿色列车、节能与新能源汽车、海洋工程装备及高技术船舶、高端数控机床、高端医疗设备,以及发电、煤炭、冶金、钻井、采油、纺织等再制造标准。

1.2 国内外再制造产业的发展概况

1.2.1 国外再制造产业发展现状

国外再制造产业起步较早，再制造产业发展水平已形成较为成熟的市场环境和运作模式，在再制造设备、生产工艺、技术标准、销售和售后服务等方面建立了较完善的再制造体系。美国和欧洲国家的大学、科研机构及行业协会开展了一系列再制造技术与管理研究工作，对再制造产品种类、再制造质量控制、再制造产品销售市场与市场规模及再制造入市门槛等进行了系统研究。

1. 美国再制造产业发展

作为全球再制造产业规模最大的国家，美国十分重视再制造技术与管理工作。1996年，美国波士顿大学Robert T. Lund撰写了《再制造业：潜在的巨人》研究报告，首次建立了涵盖8个工业领域9 903家企业的美国再制造数据库，再制造产值约占美国GDP的0.65%。虽然通过估算、类比和专家经验等获取的数据主观性高，影响数据的准确性，但其首次较全面地获得了美国再制造产业年销售额、雇员人数、再制造产品种类等数据，阐明了再制造潜在的经济效益、社会效益与环境效益以及它对美国发展的贡献，Robert T. Lund将再制造产业誉为"潜在的巨人"。2003年，William Hauser和Robert T. Lund采用在线目录服务方式对1996年建成的企业数据库信息进行核实，分析了再制造产业发展中的模式选择、销售及市场、产品设计与生产、劳动力、投资、成本及产业发展机遇与障碍等问题，完成《再制造业：巨人的剖析》研究报告。2003年，Ron Giuntini等估计了包括农业、通信、计算机、医疗等16个行业的美国再制造产值（约为490亿美元）。2008年，William Hauser和Robert T. Lund联合撰写了《再制造：运作实践与战略》，从运作层和战略层深入探讨了再制造企业的生产运作及商业模式问题，定义再制造的特征是"如新品"。2012年，Robert T. Lund的团队按照再制造产品"如新品"的特征通过电话、网络等手段再次对数据库中再制造企业进行甄选，得到美国和加拿大等北美地区7 000余家再制造企业的数据库，数据库包括公司名称、位置、联系人、公司网址、产品类型、销售额、雇员人数、再制造模式等信息，并分别按美国标准产业分类代码（Standard Industrial Classification，SIC）和北美产业分类体系（North American Industry Classification System，NAICS）将数据库中再制造企业按区域进行分类,与美国的 325 个都市统计区(Metropolitan Statistical Areas,MSAs)对比。如图 1.4 所示,作为劳动密集型产业,美国再制造企业主要分布在美国人口稠密、经济较发达的都市区和主要都市区。2012 年,该数据库移交美国罗切斯特理工学院,罗切斯特理工学院成立了国家再制造与资源恢复国家中心(National Center for Remanufacturing and Resource Recovery,NC3R),主要从事再制造工程技术研发及企业推广工作。

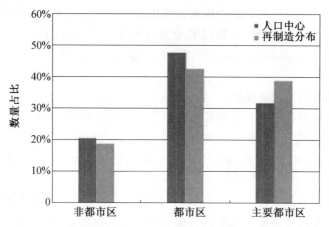

图 1.4　美国再制造公司区域分布与美国人口中心分布情况

2012 年,根据美国贸易代表署(United States Trade Representative,USTR)要求,美国国际贸易委员会公布了《再制造商品:美国和全球工业、市场和贸易概述》研究报告,报告对美国再制造工业和市场进行概述,估算了美国和全球再制造产品贸易额,分析了影响再制造产品贸易的因素。美国贸易代表署以美国贸易代表署和联邦纪事公告的形式,选取了 7 000 家再制造企业进行问卷调查,问卷多达 28 页,内容包括再制造产品、再制造毛坯和再制造行业等的界定和企业的基本信息以及 2009～2011 年间的再制造产品类型、雇员人数、投资和贸易额等。再制造企业名单主要来源于委员会工作人员的前期研究、罗切斯特理工学院的再制造数据库以及美国企业名目、进出口贸易信息的商业数据库。据统计,2009～2011 年间,美国再制造产值以每年 15% 的增速增长,2011 年达到 430 亿美元,提供了 18 万个工作岗位,其中航空航天、重型装备和非道路车辆、汽车零部件再制造产品约占美国再制造产品总额的 63%,见表 1.1。中小型再制造企业在美国再制造产品和贸易中占有重要份额,2011 年,中小型再制造企业的产品占美国再制造产品总额的 25%(约 110 亿美元),占美国出口再制造产品的

17%（约19亿美元）。2011年美国再制造产品的出口额比2009年增长了50%，达到117亿美元，同期再制造产品进口额从63亿美元增长到103亿美元，增长了64%。航空、重型装备和非道路车辆及机床等在美国出口再制造产品中占最大份额，汽车零部件再制造作为美国最大的再制造行业，由于其生产和销售主要集中在美国国内市场，因此出口额较小。美国超过40%的再制造产品出口到加拿大、墨西哥、澳大利亚等和美国有自由贸易协定的国家。2015年，美国总统奥巴马签署了《联邦汽车维修成本节约法》，鼓励联邦政府机构优先采用再制造汽车零部件，再制造在美国正式立法通过，对再制造产业的发展起到重要的推动作用。

表1.1 2011年美国再制造产值情况

行业（按产值分配）	产值/($\times 10^3$ 美元)	就业岗位/个	出口/($\times 10^3$ 美元)	进口/($\times 10^3$ 美元)	占行业比例/%[①]
航空航天	13 045 513	35 201	2 589 543	1 869 901	2.6
非道路车辆设备	7 770 586	20 870	2 451 967	1 489 259	3.8
汽车零部件	6 211 838	30 653	581 520	1 481 939	1.1
机械	5 795 105	26 843	1 348 734	268 256	1.0
IT产品	2 681 603	15 442	260 032	2 756 475	0.4
医疗器械	1 463 313	4 117	488 008	110 705	0.5
翻新轮胎	1 399 088	4 880	18 545	11 446	2.9
消费者产品	659 175	7 613	21 151	360 264	0.1
其他[②]	3 973 923	22 999	224 627	40 683	1.3
批发商	—[③]	10 891	3 751 538	1 874 128	—[③]
总额	43 000 144	179 509	11 735 665	10 263 056	2.0

注：①再制造产品占行业内所有产品的总销售额；
②包括再制造电器、机车、办公室家具、餐厅设备等；
③批发商不生产再制造产品，而是销售或贸易（出口和进口）

2. 欧洲再制造产业发展

英国、德国等欧洲国家也开展了本国及欧盟再制造技术与再制造产业产值统计的研究工作。其中，英国的咨询机构在推进该国再制造产业发展过程中发挥了重要作用。在英国环境、食品和农业部的资助下，英国从事可持续发展和循环经济研究的咨询公司Oakdene Hollins颁布了一系列英国、欧盟再制造产业发展报告。2005年，Oakdene Hollins颁布了《英国汽车售后市场的再制造报告》，该咨询机构以《英国汽车行业目录》为基础，通过一对一采访再制造生产相关的企业、行业协会、高校及研究机构等形式,获取再制造企业的产值、雇员人数、产品类型、企业面临的激励和挑战等信息。估计英国汽车行业再制造涵盖发动机、变速箱、涡轮增压器、燃油系统、旋转电机和空调等产品的产值约 2.5 亿英镑,按照产品类型和再制造模式,绘制了英国汽车行业再制造的区域分布图。2006 年,该咨询机构颁布了英国首个再制造产业报告《英国再制造业:可持续发展的重要助推器》。该咨询机构通过面对面采访企业负责人获取企业的基本情况,全面评估了英国再制造产业总体状况及汽车、空调压缩机、航空航天、电器设备、机床、海洋装备、办公家具、墨盒等行业的再制造状况,估计英国再制造产品的年产值约 49.5 亿英镑,再制造产业节材 27 万 t、减少 CO_2 排放 80 万 t,再制造雇员人数约 5 万人,报告指出再制造产业是英国实行可持续发展的理想助推器。2008 年,该咨询机构又发布了《促进英国再制造业发展的政策方案》,指出了英国再制造产业发展需要政府制定环境污染和提高资源利用效率的相关政策。同年,针对消费者对再制造产品存在购买偏见的问题,英国谢菲尔德大学再制造和再利用中心(Center for Remanufacturing and Reuse, CRR)发布了《再制造、修理以及再使用产品的公众认知态度与购买行为》研究报告。该报告重点分析了消费者的社会经济地位、年龄、生活状态、性别、地区差异等因素以及消费者对再制造产品的认知态度、购买行为的内在影响,从而为开展消除偏见的公众教育提供依据。2009 年,CRR 在研究报告《英国再制造产业概况》中,根据其前期研究和国家统计局数据遴选了航空航天、汽车、建筑、通信设备、工业设备、墨水和墨盒等 16 个再制造相关行业,采用自下而上的方法,通过与再制造商和行业代表交流、讨论及填写调查问卷的方式获得本行业再制造信息,然后对数据进行整理和分析得出该行业的再制造产业信息。据统计,英国再制造和再利用产业年产值约 24 亿英镑(不含航空航天业),再制造产值约占总产值的 50%,其中翻新和再利用产业分别占总产值的 25%。图 1.5 为英国各行业的再制造和再利用产值,墨盒墨粉行业的再制造比例最高;其次为机械和能源装备行业,再制造产值约占其行业总产值的 30%以上;而电器电子行业的产品附加值较低,其再制造率较低。2009 年英国的再制造和再利用产业减少 CO_2 排放量约是 2006 年的 10 倍,达到 1 000 万 t, CO_2 排放量的大幅减少主要是由于纺织工业的贡献。图 1.6 为各行业减少 CO_2 排放量的对比图,其中纺织行业和建筑行业的再制造与再利用对 CO_2 排放量的大幅减少贡献最大。

1.2 国内外再制造产业的发展概况

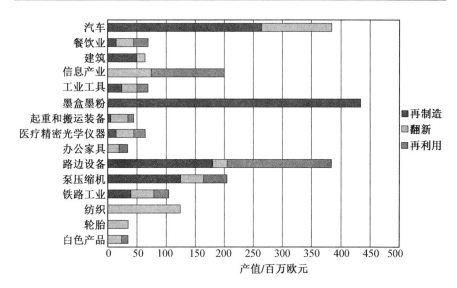

图 1.5 英国再制造和再利用各行业产值(2012 年)

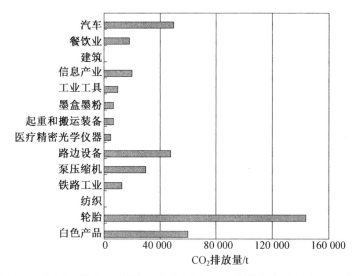

图 1.6 英国再制造和再利用各行业减少 CO_2 排放量的对比图(2012 年)

2015 年欧洲再制造委员会联盟(European Remanufacturing Network,ERN)发布了报告《再制造市场研究》,通过电话和网络调查和自上而下分析的方法搜集并分析了航空航天、汽车、电子电器设备、家具、重型装备和非道路车辆、机床、海洋装备、医疗器械、铁路装备 9 个行业的数据,评估了欧盟再制造产业发展水平。据统计,2015 年欧盟再制造产值约 300

亿欧元,提供了19万个工作岗位,再制造产值约占原型产品制造产业的1.9%。表1.2为2015年欧盟再制造产值统计表。其中航空航天再制造产值高达124亿欧元,占欧盟再制造总产值的42%,其再制造产值占制造产值的11.5%,欧盟航空航天再制造产值较高与其发达的航空工业密切相关。其次为汽车、重型装备和非道路车辆、电子电器设备、医疗器械等行业。

表1.2 2015年欧盟再制造产值统计表

行业	产值/($\times 10^{10}$欧元)	公司数量	就业人数/($\times 10^3$人)	废旧产品数量/($\times 10^3$件)	占行业比例*/%
航空航天	12.4	1 000	71	5 160	11.5%
汽车	7.4	2 363	43	27 286	1.1%
电子电器设备	3.1	2 502	28	87 925	1.1%
家具	0.3	147	4	2 173	0.4%
重型装备和非道路车辆	4.1	581	31	7 390	2.9%
机床	1.0	513	6	1 010	0.7%
海洋装备	0.1	7	1	83	0.3%
医疗器械	1.0	60	7	1 005	2.8%
铁路装备	0.3	30	3	374	1.1%
总额	29.8	7 204	192	132 405	1.9%

注:行业比例(%)=再制造产值/制造产值

图1.7为欧盟再制造产值区域分布图。欧盟再制造产业区域分布与欧盟各成员国制造业发展水平呈正相关性,德国、英国、法国和意大利4个国家的再制造产值占欧盟的70%左右。德国再制造产业规模最大,约占欧盟再制造产值的1/3,再制造产业聚集在航空航天、汽车与重型装备和非道路车辆领域。法国和英国的再制造产业规模相当,约为德国的50%。由于欧洲的航空航天维修、再制造和大修中心主要分布在德国、法国和英国,相对制造业的规模,意大利再制造产业规模较小,再制造产值占制造业比重较小。欧洲东部地区、中央区域、北欧及比荷卢经济区的再制造产值相对较小。欧洲再制造联盟(ERN)基于再制造产业数据采集和分析绘制了全球再制造相关产业分布图,统计包括了再制造相关的科研院所、咨询机构、原始设备制造商、再制造商、再制造供应商及零售商等,其中美国、欧

1.2 国内外再制造产业的发展概况

洲再制造相关产业最密集,其次为亚洲和大洋洲,南美洲和非洲仅有部分再制造产业相关的研究机构及非政府组织。据 ERN 估计,随着欧盟对再制造产业政策支持和投资的增加,预计到 2030 年,欧盟再制造产值将达到 700 亿~1 000 亿美元,提供 45 万~60 万个就业岗位,再制造产业将为欧盟带来巨大的经济效益、社会效益和生态效益。

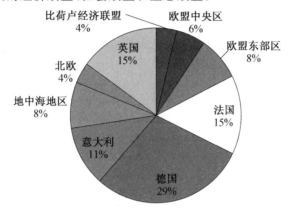

图 1.7 欧盟再制造产值区域分布图

3. 日本再制造产业发展

日本由于受国土面积小、资源匮乏等因素制约,因此基于"资源环境立国"的战略考量,积极开展立法工作推进资源循环性社会的建设,推动再制造产业发展。1970 年,日本颁布了《废弃物处理法》,旨在促进报废汽车、家用机器等的循环利用,对非法抛弃有用废旧物采取罚款、征税等惩戒措施。1991 年,日本国会修订了《废弃物处理法》(该法此后共修订 20 多次),并通过了《资源有效利用促进法》,确定了报废汽车、家用机器等的循环利用需进行基准判断、事前评估、信息提供等。2000 年,日本颁布了《建立循环型社会基本法》,规定汽车用户若将废旧汽车零部件交给再制造企业,则可免除缴纳废弃物处理费。2002 年,日本国会审议通过了《汽车回收利用法》,并于 2005 年 1 月正式实施,它是全球第一部针对汽车业全面回收的立法。该法规对汽车再制造行业加大了整治力度,实行严格的资格许可制度,并设立配套基金,对废旧汽车回收处理进行补贴。政府部门通过统筹协作和完善的法律规定规范着汽车零部件再制造领域的各个环节。日本对报废汽车的回收利用管理主要通过政府部门和民间机构两个途径分工协作。政府部门主要负责研究制定报废汽车回收的政策法规和登记审批报废汽车回收处理行业的准入制度,包括报废汽车回收处理要求和废旧产品的无公害掩埋。民间机构主要负责具体的报废汽车回收。日本再制造产业发展走规范化道路,机械再制造实力雄厚,以循环型社会为目标的法律体系推动日本再制造产业规范化发展。政府部门通过完善法律规定,统筹和规范再制造企业的生产、销售、回收等各个环节。据统计,2015年日本再制造产值约44亿美元,再制造产业主要集中在汽车(8.5亿美元)、硒鼓(2.5亿美元)、复印机(1.2亿美元)等领域。

1.2.2 我国再制造产业发展现状

1. 我国再制造产业发展历程

我国的再制造产业发展经历了产业萌生、科学论证和政府推进3个主要阶段。

第一个阶段是再制造产业萌生阶段。自20世纪90年代初开始,我国相继出现了一些再制造企业,如中国重汽济南复强动力有限公司(中英合资)、上海大众汽车有限公司的动力再制造分厂(中德合资)、柏科(常熟)电机有限公司(港商独资)等分别在重型卡车发动机、轿车发动机、车用电机等领域开展再制造,产品均按国际标准进行再制造,质量符合再制造的要求。但是,为取缔汽车非法拼装市场,2001年6月国务院公布了《报废汽车回收管理办法》(国务院令第307号),规定废旧汽车拆解的"五大总成"(发动机、方向机、变速器、前后桥、车架)应当作为废金属交售给钢铁企业作为冶炼原料,严重制约了再制造毛坯来源,限制了再制造企业扩大生产规模。

第二阶段是学术研究、科学论证阶段。1999年6月,徐滨士院士在西安召开的"先进制造技术国际会议"上发表了《表面工程与再制造技术》,在国内首次提出了"再制造"的概念。2000年3月,徐滨士院士在瑞典哥德堡召开的第十五届欧洲维修国际会议上发表了《面向21世纪的再制造工程》,这是我国学者在国际学术会议上首次发表有关"再制造"的论文。2000年12月,徐滨士院士在中国工程院咨询报告《绿色再制造工程在我国应用的前景》中对再制造工程的技术内涵、再制造工程的设计基础、再制造工程的关键技术等进行了系统、全面的论述。2006年12月,中国工程院咨询报告《建设节约型社会战略研究》中把机电产品回收利用与再制造列为建设节约型社会17项重点工程之一,通过多角度的深入论证,为政府决策提供了科学依据。

第三阶段是国家颁布法律、政府全力推进阶段。2005至今,再制造发展非常迅速,一系列政策相继颁布,为再制造的发展注入了强大动力,我国已进入以国家目标推动再制造产业发展为中心内容的新阶段,国内再制造的发展呈现出前所未有的良好发展态势。

2. 我国再制造产业政策环境不断优化

我国再制造产业的持续稳定发展,离不开国家政策的支持与法律法规的有效规范。我国再制造政策法规经历了一个从无到有、不断完善的过程,我国再制造产业政策环境不断优化。

从2005年国务院印发的《国务院关于做好建设节约型社会近期重点工作的通知》(国发〔2005〕21号)和《国务院关于加快发展循环经济的若干意见》(国发〔2005〕22号)两个文件中首次提出支持废旧机电产品再制造,到2017年《高端智能再制造行动计划(2018—2020年)》(工信部节〔2017〕265号)发布,国家层面上制定了80余项再制造方面的法律法规,其中国家再制造专项政策法规30余项,如图1.8所示。

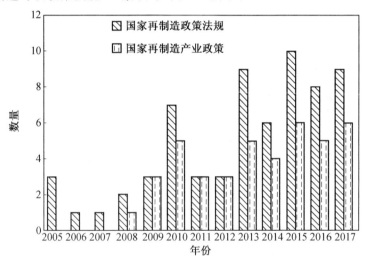

图1.8 2005～2017年我国再制造政策法规数量

2005年,国务院印发的《国务院关于做好建设节约型社会近期重点工作的通知》(国发〔2005〕21号)和《国务院关于加快发展循环经济的若干意见》(国发〔2005〕22号)文件中均指出:国家将"支持废旧机电产品再制造",并把"绿色再制造技术"列为"国务院有关部门和地方各级人民政府要加大经费支持力度的关键、共性项目之一"。2008年8月,第十一届全国人民代表大会常务委员会第四次会议通过《中华人民共和国循环经济促进法》(以下简称《循环经济促进法》),该法在第2条、第40条及第56条中6次阐述再制造,国家支持企业开展机动车零部件、工程机械、机床等产品的再制造和轮胎翻新,销售的再制造产品和翻新产品的质量必须符合国家规定的标准,并在显著位置标识上再制造产品或者翻新产品。2009年1月,《循环经济促进法》的实施,将再制造纳入法制化轨道。2010年5月,中华人民共和国国家发展和改革委员会(以下简称国家发展改革委)等11部委联合印发了《关于推进再制造产业发展的意见》(发改环资〔2010〕991号),其中明确指出:再制造是循环经济"再利用"的高级形式,加快发展再制造产业是建设资源节约型、环境友好型社会的客观要求,并且将汽车零部件、工程机械及机床等列为推进再制造产业发展的重点领域。2010年10月,国务院颁布了《国务院关于加快培育和发展战略性新兴产业的决定》(国发〔2010〕32号),指出发展节能环保产业,重点开发推广高效节能技术装备及产品,实现重点领域关键技术突破,带动能效整体水平的提高;加快资源循环利用关键共性技术研发和产业化示范,提高资源综合利用水平和再制造产业化水平。2011年3月,《中华人民共和国国民经济和社会发展第十二个五年规划纲要》中明确提出"强化政策和技术支撑,开发应用源头减量、循环利用、再制造、零排放和产业链接技术,推广循环经济典型模式。大力发展循环经济,健全资源循环利用回收体系,加快完善再制造废旧产品回收体系,推进再制造产业发展"。2013年1月,国务院印发了《循环经济发展战略及近期行动计划》(国发〔2013〕5号),这是我国首部循环经济发展战略规划。该计划中提出发展再制造,建立废旧产品逆向回收体系,抓好重点产品再制造,推动再制造产业化发展,支持建设再制造产业示范基地,促进产业集聚发展;建立再制造产品质量保障体系和销售体系,促进再制造产品生产与销售服务一体化。2013年8月,国务院发布了《国务院关于加快发展节能环保产业的意见》(国发〔2013〕30号),该意见中提出要发展资源循环利用技术装备,提升再制造技术装备水平,重点支持建立10~15个国家级再制造产业聚集区和一批重大示范项目,大幅度提高基于表面工程技术的装备应用率。开展再制造"以旧换再"工作,对交回废旧产品并购买"以旧换再"再制造推广试点产品的消费者,给予一定比例补贴。2015年5月,国务院印发《中国制造2025》(国发〔2015〕28号),全面推行绿色制造,大力发展再制造产业,实施高端再制造、智能再制造、在役再制造,推进产品认定,促进再制造产业持续健康发展。2016年3月,国家发展改革委等10部委联合发布了《关于促进绿色消费的指导意见》(发改环资〔2016〕353号),该意见中提出着力培育绿色消费理念、倡导绿色生活方式、鼓励绿色产品消费,组织实施"以旧换再"试点,推广再制造发动机、变速箱,建立健全消费者激励机制。2016年11月,国务院印发了《"十三五"国家战略性新兴产业发展规划的通知》(国发〔2016〕67号),提出发展再制造产业,加强机械产品再制造无损检测、绿色高效清洗、自动化表面与体积修复等技术攻关和装备研发,加快产业化应用。组织实施再制造技术工艺应用示范,推进再制造纳米电刷镀技术装备、电弧喷涂等成熟表面工程装备示范应用。开展发动机、盾构机等高值零部件再制造。建立再制造废旧产品溯源及产品追踪信息系统,促进再制造产业规范发展。2016年12月,国家发展改革委、科技部、工业和信息化部(以下简称工信部)及环境保护部联合印发《"十三五"节能环保产业发展规划》,提出研发推广生物表面处理、自动化纳米颗粒复合电刷镀、自动化高速电弧喷涂等再制造产品表面处理技术和废旧汽车发动机、机床、电机、盾构机等无损再制造技术,突破自动化激光熔覆成形、自动化微束等离子熔覆、在役再制造等关键共性技术。开发基于监测诊断的个性化设计、自动化高效解体、零部件绿色清洗、再制造产品疲劳检测与服役寿命评估等技术。组织实施再制造技术工艺应用示范。2017年4月,国家发展改革委等14个国家部委联合制定了《循环发展引领行动》(发改环资〔2017〕751号),明确提出再生产品、再制造产品推广行动,支持再制造产业规模化、规范化、专业化发展,强化循环经济标准和认证制度。2017年11月,工业和信息化部颁布了《高端智能再制造行动计划(2018—2020年)》(工信部节〔2017〕265号),提出加强高端智能再制造关键技术创新与产业化应用,推动智能化再制造装备研发与产业化应用,实施高端智能再制造示范工程,培育高端智能再制造产业协同体系,加快高端智能再制造标准研制,探索高端智能再制造产品推广应用新机制,建设高端智能再制造产业公共信息服务平台,构建高端智能再制造金融服务新模式,加快发展高端智能再制造产业,进一步提升机电产品再制造技术管理水平和产业发展质量,推动形成绿色发展方式,实现绿色增长。

目前,我国已在法律、行政法规和部门规章等不同层面制定了一系列法律法规,再制造政策法规逐步细化、具体化,再制造法制化程度不断提高。我国再制造产业的发展既要发挥市场机制的作用,又要强调政府的主导作用,采取政府主导与市场推进的并行策略,在技术、市场、服务及监管体系等方面积极沟通、加强协作,不断完善我国再制造政策法规,建立一个良性、面向市场、有利于再制造产业发展的政策支持体系和环境,形成有效的激励机制,实现我国再制造产业跨越式发展。

(1)再制造试点企业数量和再制造产业示范基地逐步扩大。

为推进再制造产业规模化、规范化、专业化发展,充分发挥试点示范引领作用,结合再制造产业发展形势,国家发展改革委和工信部先后颁布了再制造试点企业,截至 2016 年 3 月,我国再制造试点企业已有 153 家。2009 年 12 月,工信部公布的《机电产品再制造试点单位名单(第一批)》(工信部节〔2009〕663 号)中涵盖工程机械、工业机电设备、机床、矿采机械、铁路机车设备、船舶、办公信息设备等 35 个企业和产业集聚区。2010 年 2 月,国家发展改革委、国家工商管理总局联合印发了《关于启用并加强汽车零部件再制造产品标志管理与保护的通知》(发改环资〔2010〕294 号),颁布了 14 家汽车零部件再制造试点企业名单,其中包括中国第一汽车集团公司等 3 家汽车整车生产企业和济南复强动力有限公司等 11 家汽车零部件再制造试点企业。2013 年 2 月,国家发展改革委办公厅印发了《国家发展改革委员会办公厅关于确定第二批再制造试点的通知》(发改办环资〔2013〕506 号),北京奥宇可鑫表面工程技术有限公司等 28 家单位确定为第二批再制造试点单位。2016 年 2 月,工信部公布的《机电产品再制造试点单位名单(第二批)》(工信部节〔2016〕53 号)中包括 76 家再制造企业和产业集聚区。图 1.9(a)为我国再制造试点企业区域分布图。在 153 家再制造试点企业中,华东地区有 68 家,占试点企业的 44%;华中地区有 27 家,占总数的 18%;华北、东北和华南地区分别有 17、16 和 11 家,西南和西北地区较少。在我国再制造试点企业中国有企业和民营企业所占比重最大,均约占试点企业的 40%;其次为中外合资企业、外商独资企业等,如图 1.9(b)所示。从 2008~2016 年,我国再制造试点企业中民营企业数量从 2 家增加到 59 家,由约占试点企业总数的 14%增加到 38%。我国再制造试点企业呈现出聚集在东部沿海发达地区、国有企业和民营企业占主导的特点。我国西部地区工程机械保有量巨大,为再制造产业发展提供了良好的市场环境,因此要增加西部地区再制造试点数量。同时,要充分发挥国有再制造试点企业在体制、资金、管理等方面的带头示范作用,还要扩大再制造试点中民营企业的数量,利用其市场导向、机制灵活的特点,实现我国再制造产业区域共同发展。

  欧美国家再制造产业发展过程中,美国在美墨西哥边境、欧洲在中东欧、英国在伯明翰周边地区均形成了再制造产业集聚区,集聚发展有助于专业化回收、拆解、清洗、再制造和公共服务平台的建设,形成完整的产业链,分担单一企业压力,促进企业规范化发展。借鉴欧美等国发展经验,探索集社会、经济、环保效益为一体的产学研合作再制造产业链群发展模式,按照"技术产业化、产业积聚化、积聚规模化、规模园区化"的发展模式,截至 2017 年 12 月,我国已批复建设了湖南长沙、江苏张家港、上海临港等 9 个再制造产业集聚区和再制造产业示范基地,见表 1.3。我国再制造产业

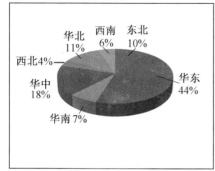 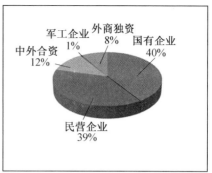

(a) 再制造试点企业区域分布图　　(b) 再制造试点企业性质

图 1.9　我国再制造试点企业区域及企业性质分布图(截至 2017 年 12 月)

集聚区和再制造产业示范基地集中分布于华中、华东、西南地区，主要定位于汽车零部件、工程机械、矿山机械、航空动力、机床等再制造。在我国再制造产业示范基地建设过程中，要充分利用各地区工业基础和地域优势开展再制造业务，同时要考虑其人才与技术资源、产业基础和规模、再制造产品的市场容量、政府及行业管理水平等，避免再制造产业示范基地的重复建设和恶性竞争。

表 1.3　我国再制造产业集聚区和再制造产业示范基地(截至 2017 年 12 月)

序号	名称	省份及直辖市	成立时间	再制造产业定位	备注
1	湖南浏阳制造产业基地	湖南	2010.09	工程机械、汽车零部件、机电产品等	集聚区
2	重庆市九龙工业园区	重庆	2010.09	汽车零部件、机电产品、工程机械等	集聚区
3	张家港国家再制造产业示范基地	江苏	2013.11	汽车零部件、冶金、机床、工程机械等	示范基地
4	长沙再制造产业示范基地	湖南	2013.11	工程机械、汽车零部件、机床、医药设备等	示范基地
5	上海临港再制造产业示范基地	上海	2015.03	汽车零部件、工程机械、能源装备等	示范基地

续表 1.3

序号	名称	省份及直辖市	成立时间	再制造产业定位	备注
6	彭州航空动力产业功能区	四川	2016.02	航空发动机、机电产品等	集聚区
7	马鞍山市雨山经济开发区	安徽	2016.02	冶金装备、工程机械、矿山机械等	集聚区
8	合肥再制造产业集聚区	安徽	2016.02	工程机械、冶金装备、机床等	集聚区
9	河间再制造产业示范基地	河北	2017.03	汽车零部件、石油钻探设备等	示范基地

(2) 再制造产品目录持续丰富。

再制造的基本特征是性能和质量达到或超过原型产品。为规范再制造产品生产、保障再制造产品质量，促进再制造产业化、规模化、健康有序发展，引导再制造产品的消费，2010年，工信部制定了《再制造产品认定管理暂行办法》(工信部节〔2010〕303号)和《再制造产品认定实施指南》(工信厅节〔2010〕192号)，明确了一套严格的再制造产品认定制度，再制造产品认定范围包括通用机械设备、专用机械设备、办公设备、交通运输设备及其零部件等，认定包括"申报、初审与推荐、认定评价、结果颁布"4个阶段，通过认定的再制造产品应在产品明显位置或包装上使用再制造产品认定标志。2011~2017年，工信部颁布了共7批《再制造产品目录》，该目录涵盖工程机械、电动机、办公设备、石油机械、机床、矿山机械、内燃机、轨道车辆及汽车零部件10大类136种产品。图1.10为我国再制造产品标识示例。

(3) 政府着力推进再制造产品"以旧换再"工作。

为支持再制造产品的推广使用，促进再制造废旧产品回收，扩大再制造产品市场份额，我国开展了"以旧换再"工作。"以旧换再"是指境内再制造产品购买者交回废旧产品并以置换价购买再制造产品的行为。2013年7月，国家发展改革委、财政部、工信部、商务部、质检总局联合发布《关于印发再制造产业"以旧换再"试点实施方案的通知》(发改环资〔2013〕1303号)，正式启动再制造产品"以旧换再"试点工作。该通知要求对符合"以旧换再"推广条件的再制造产品，中央财政按照其推广置换价格(再制造产品价格扣除废旧产品回收价格)的一定比例，通过试点企业对"以旧换再"再

1.2 国内外再制造产业的发展概况

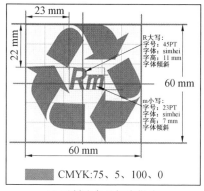
(a) 再制造产品标志样式

(b) 汽车零部件再制造产品标志

(c) 再制造柴油机铭牌

图1.10 我国再制造产品标识示例

制造产品购买者给予一次性补贴,并设补贴上限。2013年8月,国务院印发的《国务院关于加快发展节能环保产业的意见》(国发〔2013〕30号)明确提出,开展再制造"以旧换再"工作,拉动节能环保产品消费,对交回废旧产品并购买"以旧换再"再制造推广试点产品的消费者,给予一定比例补贴。为实施好再制造"以旧换再"试点工作,2014年9月,国家发展改革委等部门组织制定了《再制造产品"以旧换再"推广试点企业评审、管理、核查工作办法》和《再制造"以旧换再"产品编码规则》(发改办环资〔2014〕2202号),确定了再制造"以旧换再"推广试点企业的评审、管理、检查等环节,同时确定了再制造"以旧换再"推广产品编码规则,编码由一位英文字母与10位阿拉伯数字构成,如图1.11所示。推广试点企业应该在产品外表面明显部位印刷或打刻编码,需要可识别且不可消除涂改。若产品外表面无法印刷,应当在产品外包装上印刷,编码可以同再制造产品标识或再制造"以旧换再"标识印刷在同一介质上。2015年1月,国家发展改革委、财政部、工信部、质检总局颁布了10家再制造产品推广试点企业名单及其再制造产品型号、推广价格等,10家入选"以旧换再"试点企业包括广州市花都全球自动变速箱有限公司、潍柴动力(潍坊)再制造有限公司和济南复强动力有限公司等。截至2015年年底,我国再制造产品"以旧换再"推广产品包括84种型号17 063台再制造汽车发动机和39种型号39 480台再制造变速箱,并明确规定核定推广置换价格为企业的最高销售限价,企业销售时不得超出这一价格。国家按照置换价格的10%进行补贴,每台再制造发动机最高补贴2 000元,每台再制造变速箱最高补贴1 000元。

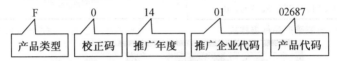

图1.11 "以旧换再"推广产品编码规则示意图

(4)我国再制造技术体系逐步完善。

经过十余年的发展,我国再制造技术由原来采用国外换件法和尺寸修理法单一技术,探索后提出以"尺寸恢复和性能提升"为特征的自主创新模式,中国特色再制造模式注重基础研究与工程实践结合,创新发展了中国特色的再制造关键技术,构建了废旧产品的再制造质量控制体系。涵盖再制造工程设计、再制造关键技术、再制造质量控制技术等中国特色的再制造技术体系逐步完善,再制造产品的设计技术、废旧产品性能评价、拆解和清洗、表面修复、无损检测等再制造基础理论和关键技术研发取得突破进展,确保再制造产品的性能质量和可靠性。纳米电刷镀、激光熔覆、电弧喷涂等先进的再制造技术可用于核电、航空航天、石油化工等制造领域,实现再制造技术对我国制造业的反哺,现有的技术储备有助于在再制造领域实现中国制造业的弯道超车。

1.2.3 我国再制造产业发展面临的机遇与挑战

随着我国废旧机电产品进入报废高峰期,以及国家为深化经济发展而不断推出一系列再制造配套政策法规,再制造产业迎来了良好的发展机遇,同时也面临自身发展的诸多挑战。

1. 我国再制造产业发展面临的机遇

(1)经济新常态为我国再制造产业发展带来新的机遇。

当前,我国经济发展进入新常态,经济从高速增长转为中高速增长,经济结构不断优化升级,经济增长动力从要素驱动、投资驱动转向创新驱动,要素效率的提高为再制造提供了空间,企业内生盈利动力不足迫使企业挖掘后市场和服务空间,生态文明建设和环保要求的提高倒逼绿色产品的应用。随着经济发展,我国已进入中等收入国家,然而受人口老龄化及生育率下降的影响,我国劳动力供给增长速度不断放缓,而劳动力成本则加速上升,土地价格持续攀高。随着要素效率的提高,维修与再制造的比价关系在发生变化。同时,资源利用效率提高,对土地、能源、设备等的利用效率也在提高,要素效率的提高为再制造发展提供了空间。再制造需探索运行新模式,从传统的制造业向制造服务业转变,一方面通过再制造可降低更换维修成本,另一方面再制造可延伸到后市场扩大盈利的空间。我国生态文明建设和环保要求的提高倒逼绿色产品的应用,再制造作为绿色制造的重要组成部分,符合我国产业发展方向,生态、环保的"倒逼机制"扩宽了我国再制造产业的发展空间。

(2)巨大的需求为再制造产业发展提供了强劲的动力。

改革开放以来,我国经济社会快速发展,工业化水平不断提升,工业机械装备也迎来了快速发展阶段。特别是进入21世纪以来,汽车、机床、工程机械、办公设备及石油、矿山等设备飞速发展,保有量巨大;大型舰艇、飞机、盾构机等高附加值装备数量快速增加。目前,数量巨大的机械电子设备进入报废高峰期,仅以汽车、机床为例,每年报废的汽车、机床数量均在百万以上,废旧产品的高效回收利用日益重要;高附加值装备性能渐显落后,亟待升级改造。针对废旧机电产品所采取传统的回收—熔炼—铸造—制造加工的回收利用方式,一方面不能最大限度地利用其使用价值;另一方面还会形成巨大的资源和能源浪费,造成严重的环境污染,成为亟待解决的重要问题。再制造是废旧机电产品再循环利用的重要手段,大力发展再制造技术及产业,是解决上述问题的理想途径。再制造以废旧机电产品为加工对象,巨量的废旧机电产品为再制造提供了充足的"原料",也对再制造产业规模提出了更高的要求。巨大的再制造需求成为我国再制造发展的强大动力。

(3)大力的政策支持为再制造产业发展提供了坚强的保障。

政府的政策支持是产业发展的重要保障。为应对日益严峻的资源与环境问题,中国政府将再制造产业作为重要的优先发展领域,通过制定相关政策法规大力推动再制造产业发展。2005年《国务院关于做好建设节约型社会近期重点工作的通知》(国发〔2005〕21号)和《国务院关于加快发展循环经济的若干意见》(国发〔2005〕22号)文件中,首次提出支持废旧机电产品再制造,表明了国家重点发展再制造产业的意志;2009年1月实施的《中华人民共和国循环经济促进法》中,明确表明国家支持企业开展再制造生产,将推动再制造产业发展纳入了法制化轨道;2017年10月,工信部制定的《高端智能再制造行动计划(2018—2020年)》进一步提出了加快发展高端再制造、智能再制造,提升机电产品再制造技术管理水平和产业发展质量,推动形成绿色发展方式,实现绿色增长。目前,再制造已被列入《中华人民共和国国民经济和社会发展第十三个五年规划纲要》《中国制造2025》等国家重大战略计划的优先发展领域。在政府部门的推动下,国内再制造政策法规不断完善,为再制造的快速发展提供了坚强的保障。

(4)不断深入推进的国家重大战略为再制造产业发展提供了广阔的空间。

党的十八大以来,我国经济发展步入重要转型期,国家相继推出了"中国制造2025""丝绸之路经济带""21世纪海上丝绸之路"等重大国家战略。"中国制造2025"主要针对中国制造业大而不强的问题,将智能制造、绿色制造、高端装备制造作为重点工程加以推进,力争用10年时间,使中国迈入制造强国行列。随着"中国制造2025"重大战略的不断深入推进,制造业领域必将迎来新一轮的快速发展时期,传统机电产品的自动化、智能化升级改造需求将变得更为迫切。建设"丝绸之路经济带""21世纪海上丝绸之路"是我国在全球政治、经济、贸易不断变化的形势下提出的重要战略构想,旨在加强中国与南亚、东盟、西亚、北非等地区的经济贸易联系,增强我国战略安全。"一带一路"倡议的实施,将大大提高我国与此相关的西南地区、东南沿海地区的基础建设水平,包括铁路、公路、石油、海运、通信设施等在内的众多机电产品将迎来爆发式发展,这为我国大力发展在役再制造、高端再制造、智能再制造提供了广阔的发展空间。

(5)日新月异的新技术突破为再制造产业发展提供了重要的支撑。

进入新世纪以来,计算机技术的飞速发展催生了互联网+、大数据、云计算等一大批高新技术的诞生,也加快了人工智能、纳米科技、3D打印/增材再制造等高新技术的发展。互联网+技术为加强再制造系统规划、完善再制造逆向物流系统提供了基础,可望解决废旧机电产品回收逆向物流技术难题;大数据、云计算技术为再制造产品健康监测与寿命评估提供了便利的工具,推动了再制造产品健康监测与寿命评估向精细化的突破;而人工智能、纳米科技及3D打印/增材再制造等技术则进一步提高了再制造生产效率,保障了再制造产品的质量。系列高新技术的兴起为完善再制造产业链条、丰富再制造生产手段、提高再制造产品质量提供了重要支撑。

2. 我国再制造产业发展面临的挑战

(1) 与发达国家相比,我国再制造产业整体发展落后。

发达国家再制造产业发展时间长,产业规模大。以美国为例,其国内再制造产业规模达数千亿元以上,与之相对应的是美国大型再制造企业数量多,再制造技术研发投入多,许多世界知名的大型制造企业也设置了再制造生产线。美国再制造企业已经具备了与其国内再制造需求相匹配的再制造研发与生产能力。与发达国家相比,我国再制造产业仍处于发展的初期阶段。目前的产业规模不足千亿元,大型再制造企业数量较少。中小型再制造企业的再制造技术研发能力有限,再制造技术研发主要依靠为数不多的再制造研究机构完成。国内再制造企业的技术研发能力与再制造生产能力远不能满足目前国内再制造的巨大需求。

(2) 经济增速下降,内生需求不足,大宗商品价格下降,再制造比价关系下降,产品型再制造面临困难。

目前我国经济面临外部需求疲软、人口红利减少、落后产能淘汰等因素造成的下行压力,经济增长的内生动力不足。同时,受全球经济下滑影响,铁矿石、煤炭等国际大宗商品价格下降,制造业成本降低,原型产品制造成本随之下降。由于再制造废旧产品回收价格的刚性,再制造产品价格下降空间有限,再制造比价关系下降,再制造企业盈利空间进一步压缩。在外需低迷、投资大幅度下滑的作用下,总需求收缩十分明显,经济增长下滑,内生需求不足,部分再制造企业开工不足甚至停产,产品型再制造面临困难。

(3) 对再制造认识不清,观念尚未普及。

一方面,再制造试点企业对再制造的认识不统一、不深入。主要表现在一些企业对再制造、制造和维修的概念及关系不明确,相混淆,有些企业直接按照制造模式进行再制造,有些企业简单地将维修模式移植到再制造,认为扩大规模就是再制造,导致在指导实践生产过程中定位和目标不准确。

另一方面,尽管再制造产品有着严格的质检程序,其产品质量和性能不低于原型产品,而价格只有原型产品的一半左右,但由于我国再制造产业发展处于起步阶段,再制造作为新的理念还没有被消费者及社会广泛认同,不少国内消费者目前还难以接受和使用再制造产品,有些人甚至还把再制造产品与"二手货"混为一谈,对再制造产业的认识不足,我国再制造产业经过近20年的发展,消费者对再制造产品的认可度仍较低。

(4)存在政策瓶颈,政府支持不足。

①国家政策限制造成废旧产品来源难。

废旧产品是再制造的"血液",废旧产品回收困难一直阻碍我国再制造企业的发展。以再制造产业规模较大的汽车零部件再制造行业为例,国务院颁布实施的《报废汽车回收管理办法》(国务院令第307号)中明确规定废旧汽车的"五大总成"必须报废,这对再制造企业来说损失了重要的废旧产品来源,不仅造成了资源的严重浪费,而且严重制约了再制造产业规模的扩大。同时,我国海关在进口环节将报废车辆零部件列入禁止进口目录,限制了国内再制造企业从境外收购废旧产品,导致再制造企业废旧产品获得渠道十分有限。2017年7月,国务院办公厅印发了《禁止洋垃圾入境推进固体废物进口管理制度改革实施方案》,进一步切断了再制造企业从境外收购废旧产品的可能性,废旧产品的供需矛盾直接影响我国再制造企业的良好发展和整个再制造市场的产业链秩序。

②税收政策造成企业增值税抵扣难。

我国废旧产品市场现状使得再制造企业从消费者手中收购的废旧产品基本上无法取得增值进项税发票,因而无法抵扣,再制造企业税率较高。再制造作为资源综合利用和循环利用的典范,具有显著的社会效益、环境效益和经济效益,但目前再制造产品仍未列入《资源综合利用企业所得税优惠目录》,尚未享受资源综合利用企业的相关优惠政策,造成经济效益差,再制造企业积极性不高。

③相关扶持力度不足导致企业经营困难。

从理论上看,再制造是一项既具有经济性又具有环保效益的产业;从国外实践看,再制造形成规模后,企业效益普遍很好。但从国家工信部组织的再制造企业的调研发现,在我国再制造试点企业和再制造产品认定企业中,仍有一定数量的企业面临经营困难。除了更新设备前期投入大,市场培育需要大量投入外,国家政策支持不足也是一个原因。目前,国家对再制造企业的税费减免优惠、财政投入、信贷政策等方面相应扶持政策不够。

(5)部分关键技术需要攻关,相关设备尚未供应市场。

①部分再制造关键技术还需攻关,提升技术水平。

目前部分试点企业主要采用换件法和尺寸修理法进行再制造,加工工艺还处于低水平,导致再制造产品非标件多,加工成本高。最为突出的是,缺乏规模化废旧零部件质量检测和剩余寿命评估技术,影响了再制造产品的可靠性;缺乏适用于企业规模化生产的针对不同材质的表面工程技术,大量磨损的关键零部件无法修复,废旧产品利用率低;部分企业还未建立完善的再制造生产质量管理体系。

②一些已经成熟的关键技术难以推广,相关设备无法供应市场。

很多企业在调研中表示,采用尺寸修理法是因为相关技术和设备比较成熟,而国内自主研发的技术很多还停留在实验室内,没有产业化推广。调研组认为,相关技术推广不够,关键设备无法供应市场已成为制约再制造产业发展和技术提升的关键环节。

(6)再制造标准体系不完善。

系统、完善的再制造产品标准体系是再制造产业得以良性发展的重要保障。我国再制造因起步较晚,产品报废标准、废旧产品检验标准、再制造产品质量标准等的缺乏一定程度上阻碍了再制造产业的发展。2012年,《再制造 术语》《机械产品再制造 通用技术要求》《再制造率的计算方法》等国家标准开始实施,颁布实施的再制造基础通用标准、共性技术、典型产品等系列标准,对规范再制造企业生产、保证再制造产品质量、推动我国再制造产业发展起到了积极的作用。然而,当前再制造标准仍然较为零散,系统性不强,缺乏再制造毛坯寿命评估、质量控制、产品评价、管理认证等方面的关键标准,同时缺乏针对不同行业、不同产品的再制造标准,尚未建立规范的再制造生产体系和管理体系,阻碍了再制造技术的广泛应用和再制造行业的健康发展。

1.2.4 推动我国再制造产业创新发展的建议和措施

1. 政府层面的建议和措施

根据我国再制造产业发展的初步实践及目前所面临的现实问题,针对政府层面,提出以下有关再制造技术创新发展的对策建议。

(1)设立再制造产业基地,发挥示范和带动作用。

鉴于再制造产业的特点和对环境保护等方面的要求,需要结合我国国情开展建立再制造产业基地的试点工作。发展再制造产业需要建立相应的管理体系,尤其是环境管理体系,在基地内积聚再制造相关科研、检测、加工、物流、材料、装备、废旧产品进口和环保等诸多力量,发挥行业带动作用。另外,在开展再制造产业发展的过程中,除了要与本地实际环境相结合外,还要站在战略的高度,通过各种措施吸引周边具有再制造潜力的企业在园区落户,以壮大再制造产业基地的力量及影响力。

(2)优化再制造专项政策,扩大再制造市场规模。

我国再制造产业尚处于起步阶段,要制定适合我国国情及各地实际环境的产业政策,如实施增值税、所得税优惠政策、政府采购政策及循环经济资金扶持政策等,推动再制造产业的发展。

当前,为解决废旧产品回收量不足的问题,国家应继续通过"以旧换再"的方式开展补贴推广试点,促进再制造废旧产品回收,拓展废旧产品来源,扩大再制造产品的影响。为支持再制造产品市场推广,实现再制造产业规模化、规范化发展,需要从以下几个方面继续完善"以旧换再"政策。

① 明确"以旧换再"的补贴范围和补贴方式。

再制造产品"以旧换再"试点推广工作应遵循"手续简便、直接补贴、安全高效"的原则,将再制造试点企业生产的部分量大面广、质量性能可靠、节能节材效果明显的再制造产品纳入财政补贴推广范围。补贴种类由国家政府机关确定,具体企业和产品型号采取公开征集方式确定,逐步扩大试点范围。

对符合"以旧换再"推广条件的再制造产品,中央财政按照其推广置换价格的一定比例,通过试点企业对"以旧换再"再制造产品购买者给予一次性补贴,并设补贴上限。具体补贴比例、补贴上限和推广补贴数量在"以旧换再"推广企业资格公开征集公告中明确。

② 推广"以旧换再"产品应具备的条件。

一是出厂再制造产品质量达到原型产品标准,具备由依法获得资质认定的第三方检测机构(原型产品制造授权方)出具的性能检测合格报告,产品合格证的质保期不低于原型产品;二是价格竞争力强,产品扣除废旧产品后的置换价格不超过原型产品的60%;三是节能节材效果良好,再制造产品的再制造率(按重量计)达到65%以上;四是质量性能可靠,再制造产品有明确的生产标准和规范,已颁布国家标准的,应当执行不低于国家标准的生产标准;五是符合法律要求,使用明确的再制造产品标识;六是具有唯一可识别且不可消除涂改的物品编码等可追溯标识,外包装和本体上按要求加贴"再制造'以旧换再'推广产品"标识和字样;七是公开征集公告规定的具体产品其他要求。

③"以旧换再"回收废旧产品应具备的条件。

一是废旧产品来源应为消费者自用等清晰可查来源,符合国家法律法规要求,并有相关证明;二是交回的废旧产品应与回收推广企业再制造试点验收公告目录颁布产品的型号一致。

④推广"以旧换再"企业应具备的条件。

一是在中国大陆地区注册,具有独立法人资格;二是在中国大陆地区具备独立再制造生产线并规模化生产;三是推广企业作为再制造产品质量的责任主体,应通过国家发展改革委或工信部组织的再制造试点验收及ISO 9001质量体系认证,符合国家发展改革委、财政部、工信部、质检总局制定的《再制造单位质量技术控制规范(试行)》(发改办环资〔2013〕191号),售后服务网络完善,具有履行约定的生产及服务的能力;四是推广企业对再制造产品实行联单管理,建立再制造产品销售及用户信息管理系统,能按要求提供相关信息;五是推广企业及其产品授权方应在特约经销商处设立特殊标志,并有义务向消费者明示再制造产品和国家补贴金额,保障消费者的知情权;六是试点企业须签署"以旧换再"推广企业承诺书,并向社会主动公开。

(3) 发展再制造逆向物流,促进再制造毛坯回收。

逆向物流用于再制造的废旧产品回收,需要设立专门的逆向物流体系。体系的构建需要一段时间的发展过程,在起始阶段,逆向物流可以借用一般的正向物流渠道。之后,规定正规的废旧产品回收中心,颁布资格证明,废旧产品回收中心的主要作用是回收周边区域的废旧产品,在影响力辐射的作用下运营正常之后就可以构建专门的逆向物流体系,以保证再制造毛坯来源。

(4) 落实监管机制,防控环境污染。

废旧产品再制造,需要对废旧产品进行拆解和清洗,生产流程不可避免地对环境和人体健康产生影响。发展再制造生产,应该加强环保监管力度,规范和完善产业链的各个环节,防控环境污染。

(5) 扩大行业影响,建立行业协会。

再制造涉及众多的行为主体和利益相关者,需要政府各级部门之间加强协调,加快形成有效的管理协调机制,运用法律、经济、技术等多种手段,规范再制造产业发展,扩大再制造产业影响。再制造是一个大产业,需要建立独立的行业组织,作为一个独立的产业发展和推进,而不能依存于现有的资源再生行业。

建议成立当地再制造行业协会,作为政府与再制造企业沟通的桥梁与纽带,行业协会是社会多元利益的协调机构,也是实现行业自律、规范行业行为、开展行业服务、保障公平竞争的社会组织。因此,应充分发挥再制造行业协会的作用,将政府部门从管理微观事务中解脱出来。政府部门有必要制定再制造行业协会的发展规划,制定相应的规则和管理办法,依托行业协会对再制造产业发展进行监督管理。

(6)加大宣传力度,提升全社会对再制造的认识。

为了提高公众对再制造的认识,增强其参与意识,政府制作再制造专题宣传片在媒体上进行宣传。其具体做法如下:一是进行长期的环境警示教育。通过教育使公众意识到破坏环境的后果和资源消耗不可逆转的严重性,应让社会公众了解当前的环境状况。二是加强资源节约意识的教育。结合我国当前面临的资源状况对公众进行资源短缺的国情教育,树立节约资源的意识。三是加强健康消费观念和生活方式教育。要向公众大力倡导绿色消费,鼓励公众参与废旧产品回收工作。四是加强再制造重要意义的教育,使公众了解使用再制造产品的经济性、可靠性和环保效益。

2. 执行层面的建议和措施

加强对再制造产业发展的组织领导,组织工信、科技、公安、财政、环保、商务、海关、税务、工商、质检等有关部门密切配合,建立再制造产业发展协调、监督管理机制,制定优惠政策,促进再制造产业健康发展。

(1)高起点发展再制造产业。

①将大力发展再制造产业作为发展经济区域中心的起点。

要以形成自主知识产权的核心技术和提高产品自主开发能力为重点,加快应用高新技术改造传统产业和传统产品的步伐,坚持引进技术与自主创新相结合,加强与高等院校、科研院所的合作,促进产、学、研的联合与合作,大力实施信息技术与产品、产业、管理的结合,全面提高工业信息化水平和再制造企业的核心竞争能力。

②努力营造有利于加快发展再制造产业的环境。

要加快再制造服务平台和配套体系建设,在制度创新、差别化竞争、技术创新、标准制定、职业培训、融资条件、法律服务等方面创造条件,推动制造业产业群、专业化加工企业与通过招商引资形成的外来投资企业共同快速发展,加快再制造产业集聚。

③加快建设再制造产业基地。

高平台、高水准地建设再制造产业基地,抢占价值链条高端,延伸再制造产业链,全面拓展再制造领域,发展零部件再制造外包服务,扩大再制造整机产品、终端产品的品种和规模,扩充企业集聚效应,不断强化产业集中区的吸纳能力,做强产业集聚优势,不断提高产业集中度。积极营造企业集聚条件,重点推动特色企业在物理空间上的专业集聚,实现共享信息、互通有无。加强引入产业技术资源,奠定产业集群发展基础。

④加快再制造基地的基础设施建设。

按照经济国际化发展趋势和发展绿色产业的要求,完善加快园区内道路、交通、能源、通信等基础设施建设;新建或扩建一体化公用辅助设施,全面提高污水处理及固体废弃物的处置能力。加快推行节能降耗,水、热循环利用技术,大力推广"零排放"和循环利用方面接近"零填埋",加快重点环保功能区的配套设施建设,建好公共环境设施、公共安全设施、公共文化设施及人居环境设施,努力争创自治区和国家级生态示范园区。

⑤大力培育再制造龙头企业,带动产业链延伸。

要以抓紧培育大企业、大集团为重点,积极探索"强强联合,体外重组"和"引进外资,嫁接改造"等模式,加大招商引资力度,大力推动本地制造业进军再制造,把技术、设备、人才等存量优势转化为发展再制造产业的增量优势,利用信息、网络、新技术、新材料等提升再制造产业的生产流程、管理模式、市场营销和产品层次,提高企业对再制造市场经济的适应能力,不断壮大产业规模,全面提升再制造产业竞争力。

⑥积极探索发展再制造产业的新路径。

通过培育市场、政府采购、组建产业联盟、制定优惠政策等手段,全力支持再制造这一新兴产业发展,加快产业链的延伸、补链等,重点发展为区内再制造产业配套的生产性服务业及产业关联度大的新兴服务业重大项目,加快构筑高新技术与再制造产业融合渗透的高增加值及多层次的现代产业发展体系。

(2)强化自主创新,构建再制造产业发展核心竞争力。

①打造创新服务平台。

积极争取各级科技部门对组织基地内公共技术平台建设的支持,把公共财政科技投入和产业化资金重点投向支持再制造产业发展的重点实验室、工程技术中心、检测测试平台、专业服务体系等，提升产业技术的竞争力。加强和科研院所的联系与协调，加快推进产、学、研合作，鼓励企业、工程技术中心和科研院所联合承担科研项目，促进其建立开放的、长期的、稳定的合作关系，逐步形成以企业为主体、高等院校和科研院所广泛参与、利益共享和风险共担的产、学、研联合创新机制。

②强化企业创新主体。

支持有条件的骨干企业承担再制造研发任务，主持或参与重大科技攻关项目，激励企业加大研发投入，使其真正成为研发投入的主体、技术创新活动的主体和创新成果应用的主体。为基地内再制造企业的发展壮大、海外开拓、资产重组、资本运作创造条件，支持再制造企业上规模、树品牌、建信誉，形成一批高科技再制造企业，不断提升再制造基地科技创新力，着力构建"高技术、高附加值、高带动力"的再制造产业体系。

③完善激励导向机制。

强化资金投入和政策扶持保障，确保促进科技成果转化的激励政策落实到位，以优惠政策招商引资。加快银企对接和市场对接，优化资源配置，多管齐下，加大对再制造创新项目的扶持力度，强化科技服务保障，做好再制造企业的高新技术企业申报服务，切实提高科技服务水平。

④实施再制造人才战略，提高人力资源的配置和使用效率。

设立专项资金吸引高端人才，为现代制造业基地的建设奠定扎实的人才基础。加大招才引智和培养力度，为自主创新提供智力支持。

依托高等院校及科研院所提供的优质培训服务，建立健全装备制造企业培训网络。不断完善人才服务保障机制和人才评价激励机制，为科技创新提供人才支撑。开展"企业专利促进活动"，培植一批知识产权示范企业和专利明星企业，并通过产业联盟、标准联盟等形式，鼓励不同企业积极参与产业标准的修改与制定。

⑤加快技术引进吸收。

鼓励国际再制造知名企业设立研发中心，引进技术咨询、转让等科技中介服务项目。鼓励企业以"购买技术""并购企业""技术许可""国际合作"等多种模式加强开放式创新，实现再制造产业核心技术的再开发和再创新。

(3)制定再制造产业发展的细化政策。

①提供再制造发展的优惠政策。

制定颁布优先发展的再制造产品目录,对列入目录的再制造产品(如煤机产品、电机、轴承等)实施财政税收优惠政策。

建立投资担保平台,推动金融机构为再制造提供信贷业务,建立再制造产业发展投资基金,推动再制造产业科技创新和科技成果产业化。明确政府机关、事业单位优先采购再制造产品。

②筹组再制造产业联盟。

再制造产业联盟要发挥行业组织在政府与企业之间的桥梁作用,开展再制造产业发展预测分析、法规政策研究、提供咨询服务、加强技术推广、宣传培训和国际交流与合作,举办再制造技术、产品、工艺设备展览会和再制造发展论坛。

加快构建基于多种目的的产业联盟与技术联盟,重点推动由大企业发起成立,以制定行业标准为基本手段的产业化联盟,为进入新兴产业做好准备。同时,推动产业化过程中的联盟和产业成熟阶段的联盟。在企业内部创新向外部联合创新的转变中实现创新空间的新提升,并充分发挥第三方中介机构和政府部门的桥梁作用。通过产业联盟,横向维护良好的竞争生态,纵向整合产业链相关资源,加快形成产业集群。

③壮大支持再制造产业发展的服务体系。

通过应用现代信息技术,高起点发展专业性中介组织,建立和完善专业性服务协会,建设功能全、服务广、辐射强的商务中心,为再制造产业的发展提供强大的金融、咨询、信息、物流配送、商务开发等方面的保障和支撑。

④大力培养专业人才。

建议在相关高校的课程中设立再制造工程或相关课程,或与再制造技术基础较好的院校及科研院所建立稳定的合作关系,通过校企合作、订单式培训、在岗人员技能培训等多种模式,迅速培养和储备再制造科技专业人才,满足再制造产业的迫切需要。

⑤加快信息平台建设。

根据再制造产业特色和市场需求,建立公共信息平台,发展再制造电子商务,最大范围实现信息资源的开发和共享。鼓励和引导商业性信息资源的产业化开发,全方面、大规模发展信息增值服务,以信息化武装再制造产业,实现政府决策、企业发展、社会服务等信息网络的综合化。推动信用资源共享,建立行业信用体系,尽快实现银行、工商、税务、质检等部门和行业组织间的信息资源共享。

⑥推进再制造品牌战略。

通过媒体、网络宣传和参加展览等活动,加快创建再制造品牌,大力发展产业集群,努力创建再制造品牌,提升产业形象,宣传企业的社会责任形象。

⑦加大宣传推广力度。

广泛宣传再制造在节约资源、保护环境中的重要意义,大力宣传再制造产业基地的优越环境和综合优势,全方位推介再制造产业基地。编写针对不同用户和消费群体的宣传资料,在再制造产业基地设立再制造产品体验馆,进行形态逼真的再制造工程的演示,引导用户和消费者使用再制造产品,让全社会认识再制造。

(4) 开展再制造认证。

①开展再制造产品的认证。

一方面,企业应具有相应的再制造设备、再制造工艺手段、再制造技术规范以及再制造标准指标体系与试验方法,从流程的角度来保证产品的质量;另一方面,社会相关部门应对再制造企业所生产的产品进行型式试验及质量保证,采用的方法可以是国际标准化组织出版的《认证的原则与实践》一书中所提出的8种型式试验的前4种,即①型式试验、型式试验加认证后监督;②市场抽样检验、型式试验加认证后监督;③供方抽样检验、型式试验加认证后监督;④市场和供方抽样检验,也可以采取类似中国强制认证(China Compulsory Certification,CCC)的方式来规范及促进企业生产出合格的再制造产品。

②开展再制造企业资质的认证。

对再制造企业的资质进行认证认可采取的方法包括两个方面内容:一方面,从设备、技术及人员配备上来衡量企业的再制造水平,以确保该企业具备开展再制造的能力;另一方面,从资源节约、环境保护的角度来考查企业的再制造水平,可以利用再制造率的概念来衡量再制造企业的环境及社会贡献,如利用数量再制造率、重量再制造率及价值再制造率来考查企业的资源回收再利用及价值再创造的情况,同时还可以结合再制造环境指标体系来衡量再制造的废弃物减少排放情况,以反映企业开展再制造的意义所在。

③再制造企业管理体系的认证。

再制造管理体系的内容包含再制造设备管理、再制造技术/工艺管理、再制造生产管理、再制造质量管理、再制造人力资源管理、再制造战略管理、再制造组织管理和再制造经营管理等。对再制造企业管理体系的认证认可工作可以参考ISO 9000的模式,通过一方内审、二方审核及三方认证相结合的形式来开展。一方内审是指企业根据或参考相关要求建立组织管理结构、管理制度,来规范企业所开展的运营活动,在一定的时间点按照规定的指标体系进行自我评审及进行成熟度测定,以判断企业的管理水平并提供给消费者。二方审核是指消费者对再制造企业的管理体系进行评审并核实企业的再制造规范运营水平,并以此来保证所购买的再制造产品的质量状况。三方认证则是通过具有权威性且独立于供购双方的第三方组织对供应商的管理体系进行审核并给予相关证明的形式来保证贸易的正常开展,此模式的优点在于避免了大量社会的重复性劳动,节约了供购双方的时间及资源。

(5)需要开展的基础性工作。

目前中国的再制造认证认可工作处于起步阶段,还没有形成一套适合的体系。因此,需要开展的基础性工作包括以下几个方面。

①再制造标准体系的建立。

再制造标准化及标准化体系建设工作是再制造实现产业化发展的基础性工作之一。再制造标准的内容较为广泛,包括再制造技术标准、再制造工作标准及再制造管理标准等。各类再制造企业应按照所生产的产品特点来选用合适的国家、行业标准或是制定适合的再制造相关企业标准。

②再制造认证认可机构的设立。

再制造认证认可机构可以由国家相关监管部门指定设立,由两级组织结构组成。第一级为国家级或行业级管理部门(如中国合格评定国家认可委员会),主要工作是关注国家政策的调整对再制造的影响,并对下面层级再制造认证认可机构进行指导及监管。第二级为社会级机构,由具备认证认可资格并符合《中华人民共和国认证认可条例》要求的组织机构自愿申请,并由上一级监管部门进行资格确定,主要工作是对再制造企业的再制造产品、再制造企业资质或再制造企业管理体系的有效性进行认证并明示于消费者及相关方,也可以在有需求的情况下指导再制造企业开展认证认可工作。

③再制造检验检疫实验室的设立。

再制造检验检疫实验室可以由第一级管理部门指定设立,也可以由第二级机构设立并由第一级管理部门依据《实验室和检查机构资质认定管理办法》认可并监管。再制造检验检疫实验室的主要职责首先是公平地对再制造企业所生产的再制造产品进行检测、鉴定,并进行质量、性能等方面的评定。其次是对再制造毛坯的再制造性能进行检验以判定其是否适合进行再制造,包括再制造毛坯的拆洗、受损状况检测、剩余寿命评估等内容。再制造检验检疫实验室也可以向有需要的再制造企业提供相关的技术支持。

④再制造认证认可专业人员队伍的建设。

上述3项工作的开展都离不开再制造专业技术人员,而再制造在我国起步较晚,人才培养及人员配备方面还不是很完善,因此,亟须建立一支包括再制造专业技术人员及认证认可技术人员在内的再制造认证认可专业人员队伍。再制造专业技术人员首先对再制造有着正确的认识,并掌握某一项或若干项再制造专业技术,如再制造毛坯的拆卸技术、绿色清洗技术、剩余寿命评估技术等,其次对所掌握技术的相关再制造检验检疫设备操作熟练,如再制造毛坯清洗设备、疲劳试验机、电弧喷涂/电刷镀/等离子弧熔覆系统、无损检测仪等,并具备一定的研发能力。而再制造认证认可人员则要求具备一定的再制造专业基础并熟练认证认可的操作规范,能开展与再制造相关的认证工作。

我国作为装备制造业大国和使用大国,大量装备已进入机械装备报废的高峰期,再制造产业的发展不仅具有显著的经济效益,而且具有良好的社会效益,随着国家对再制造的重视,未来我国再制造产业必将实现跨越式发展。

本章参考文献

[1] 徐滨士.再制造与循环经济[M].北京:科学出版社,2007.
[2] 徐滨士.装备再制造工程[M].北京:国防工业出版社,2013.
[3] 罗尔夫·施泰因希尔佩.再制造——再循环的最佳形式[M].朱胜,姚巨坤,译.北京:国防工业出版社,2006.

[4] European Remanufacturing Network. Remanufacturing market study [R]. London: European Remanufacturing Network, 2015.

[5] ROBERT T L. The remanufacturing industry: hidden giant[R]. Boston: Manufacturing Engineering Department, Boston University, 1996.

[6] WILLIAM H, ROBERT T L. The remanufacturing industry: anatomy of a giant[R]. Boston: Manufacturing Engineering Department, Boston University, 2003.

[7] WILLIAM H, ROBERT T L. Remanufacturing—operating practices and strategies[R]. Boston: Manufacturing Engineering Department, Boston University, 2008.

[8] ROBERT T L. The database of remanufacturers[R]. Boston: Manufacturing Engineering Department, Boston University, 2012.

[9] OAKDENE H. The remanufacturing automotive industry aftermarket in UK[R]. North Yorkshire: Center for Remanufacturing & Reuse, 2005.

[10] OAKDENE H. Remanufacturing in the UK: a significant contributor to sustainable development [R]. North Yorkshire: Resource Recovery Forum 2006, 2006.

[11] OAKDENE H. A review of policy options for promoting remanufacturing in the UK [R]. North Yorkshire: Center for Remanufacturing&Reuse, 2008.

[12] WASTON M. A review of literature and research on public attitudes, perceptions and behavior relating to remanufactured, repaired and reused products[R]. Sheffield: Center for Remanufacturing and Reuse, University of Sheffield, 2008.

[13] OAKDENE H. Remanufacturing in the UK: a snapshot of the UK remanufacturing industry[R]. North Yorkshire: Resource Recovery Forum, 2009.

[14] PARKER D, RILEY K, ROBINSON S, et al. Remanufacturing Market Study[R]. London: European Remanufacturing Network, 2015.

[15] United States International Trade Commission. Remanufactured goods:an overview of the U. S and global industries, markets, and trade[R]. Washington: USITC Publication, 2012.

[16] 李恩重,张伟,史佩京,等. 基于上海自贸区的我国再制造产业发展模式研究[J]. 检验检疫学刊,2017,27(1):32-36.

[17] 徐滨士,李恩重,郑汉东,等. 我国再制造产业及其发展战略[J]. 中国工程科学,2017,19(3):61-65.

[18] 李恩重,史佩京,徐滨士,等. 我国再制造政策法规分析与思考[J]. 机械工程学报,2015,51(19):117-123.

[19] 么新. 经济新常态背景下的我国再制造产业发展[J]. 科学管理研究,2017,35(2):50-53.

第 2 章　再制造工程管理

我国再制造产业处于初级发展阶段,在技术上取得了巨大的成就,但在管理体系的建立和完善上还存在一定的不足,需要加以研究解决。

再制造工程管理是在产品多生命周期的时间范围内综合考虑环境影响与资源利用问题,以废旧产品的再制造为对象,以产品(零部件)循环升级使用为目的,对产品多生命周期中的再制造全过程进行科学管理的活动。

2.1　工程管理

工程管理是对工程活动进行的决策、计划、组织、指挥、协调与控制。通过对工程进行科学的管理,能够较好地协调工程所需的人力、物力和财力等资源,实现资源的优化配置,从而能够更好地达到预期的目标。工程管理一方面要处理好人与自然的关系,合理组织生产力,发挥科学技术的作用;另一方面也受生产关系、社会制度和文化传统的影响和制约,需要处理好人与人之间的关系。高效的工程管理必须坚持以科学方法论为指导,充分运用现代工程管理方法和技术,结合具体工程实际,开展卓有成效的工作。

2.2　再制造工程管理

再制造工程管理是指为实现循环经济发展,节约并有效利用资源和能源,对再制造活动所进行的决策、计划、组织、指挥、协调与控制。再制造管理活动包含业务、企业及产业 3 个层面。业务层面的再制造管理,包括再制造技术工艺、生产流程及材料加工等内容;企业层面的再制造管理,包括再制造质量控制、技术研发、回收系统及销售策略等内容;产业层面的再制造管理,包含再制造标识、认证、准入、推广及补贴等内容。

1. 再制造工程管理的范畴

(1)再制造实施过程中的管理,包括规划、论证、设计、施工、运行过程的管理。

(2)复杂的再制造产品开发、制造、生产过程中的管理。

(3)重大的再制造技术革新,技术改造与转型,转轨及国际接轨中的管理。

(4)涉及再制造产品、工程、科技的重大布局,战略发展研究的管理。

2. 再制造工程管理的特征

(1)再制造工程管理的多学科性。

废旧产品的再制造工程是通过多学科综合、交叉和复合并系统化后正在形成中的一门新兴学科。它包含的内容十分广泛,涉及机械工程、材料科学与工程、信息科学与工程和环境科学与工程等多种学科的知识和研究成果。再制造工程融会上述学科的基础理论,结合再制造工程实际,逐步形成了废旧产品的失效分析理论、剩余寿命预测和评估理论、再制造产品的多寿命周期评价基础及再制造过程的模拟与仿真等。此外,通过对废旧产品恢复性能时的技术、经济和环境三要素的综合分析,完成对废旧产品或其典型零部件的再制造特性评估。

(2)再制造工程管理的技术先进性。

再制造是对报废的产品按照规定的标准、性能指标,通过先进的技术手段进行系统加工的过程。再制造过程不但能提高产品的使用寿命,而且可以影响、反馈到产品的设计环节,最终达到多寿命周期费用最小,保证产生最高的效益。再制造与传统制造的重要区别在于毛坯不同。再制造的毛坯是已经加工成形并经过服役的零部件,针对这种毛坯恢复甚至提高其使用性能,有很大的难度和特殊的约束条件。在这种情况下,只有依靠科技进步才能克服再制造加工中的困难。再制造还是一个对旧机型升级改造的过程。再制造以旧机型为基础,不断吸纳先进技术、先进部件,可以使废旧产品的某些重要性能大幅度提升,具有投入少、见效快和节能、节材、环境友好的特点,同时又为下一代产品的研制积累了经验。

(3)再制造工程管理的复杂性。

由于再制造形成流程的多样性,在实际制造再制造产品过程中,产品生产计划会受到多种复杂因素的影响,主要分为以下几个部分。

①回收阶段对再制造产品质量的影响。

在再制造产品形成过程中,由于回收阶段的复杂性和多样性,有诸多因素对其质量产生影响,比如运输方式的选择、拆卸序列的优化等。因此,从再制造产品回收阶段的步骤出发,回收阶段应注意以下问题。

a.拆卸方式的合理性。再制造产品的拆卸是回收阶段的重要环节之一,再制造产品的拆卸不是装配的逆向过程,拆卸有时候比产品装配更加困难,它必须要解除零部件在三维空间自由移动的某种连接,实现零部件从一个整体到其组成部件或其他模块的过程。因此,为保证拆卸时间成本的有效性,选择最优拆卸序列对提高产品拆卸效率、保证再制造产品质量具有重要意义。

b.准确掌握产品的全寿命周期信息。产品的全寿命周期信息包括产品的使用历史、功能概况、出厂时间、产品寿命等特征数据,它对拆卸序列的优化和零部件的重用有重大影响。若产品曾经在产品生命某一周期中将销连接结构改为焊接结构,那么在再制造产品拆卸过程中,显然是不能通过拆除销连接来完成拆卸工作的。同时了解产品的使用情况,也能够更有利于计算产品的剩余寿命。

c.零部件表面清洗的程度。再制造产品零部件的清洗是再制造产品形成过程的重要工序,它是检测零部件表面尺寸精度、几何形状精度、表面性能等指标的前提,也是零部件进行再制造的基础。产品的清洁度是再制造产品一项重要的质量指标,清洁度不高不但会影响再制造加工,而且会出现产品质量下降、综合性能降低等现象。因此,再制造清洗在再制造过程中占有重要的地位,应高度重视。

②设计开发阶段对再制造产品质量的影响。

再制造设计是面向再制造的全过程,通过运用科学的决策方法和先进的技术,最终形成最优化方案的过程。基于并行工程的再制造设计流程主要分为回收设计、生产设计及市场设计三大阶段,其中再制造设计是再制造工程的基础,因再制造设计的特殊性和较多的约束条件,故比传统设计更具有难度。从再制造设计的过程出发,以下两个因素影响产品的质量。

a.产品多寿命周期设计。再制造产品与制造产品有很大的不同,因此,在设计方面也存在很大的不同。通过对再制造产品进行多寿命周期设计,能够使产品性能获得较大幅度的提升、产品寿命持续增加,提高产品中的循环使用和循环利用的时间,保证产品稳健性,是实现低成本、高质量的有效方法。

b.产品质量监测设计。再制造产品的设计赋予再制造产品具有再制造性,面向产品质量监测设计是指通过考虑对质量产品影响的因素加以科学的设计,保证在再制造过程中能够对这些因素加以控制,并保证再制造产品的质量。

③生产制造阶段对再制造产品质量的影响。

以再制造产品制造阶段步骤为载体,影响生产制造阶段的因素主要是制造过程中的质量控制。再制造产品在生产加工过程中经常会因材料不同、生产设备的复杂性、再制造生产技术有限等使再制造产品质量比普通制造产品质量具有更强的波动性。再制造产品的质量控制主要采用的方法是全面质量控制。再制造企业要综合运用各种现代管理技术,通过对产品全过程、全因素的控制,确保再制造产品的质量稳定性,减少质量波动。

④检测阶段对再制造产品质量的影响。

为了迅速判断再制造产品是否存在裂痕、应力集中点等使用性能的内部缺陷,在生产制造后须采用再制造检测技术确保质量稳定性。再制造产品的检测技术分类繁多,大致包括感官检测法、测量工具检测法及无损检测法。例如,无损检测法是指利用电、磁、光、声、热等物理特性,通过再制造产品所引起的变化来测定产品的内部缺陷等技术状况,这类方法不会对产品本身造成破坏和损伤,因此已被广泛使用。

⑤销售阶段对再制造产品质量的影响。

再制造产品销售使再制造产品由企业走向市场,再制造企业员工通过销售服务了解消费群体的整体质量需求,以沟通、填表等有效方式及时跟踪用户对产品质量的深层变化,将用户需求反映给再制造企业的有关部门,并定期对获得的用户反馈进行汇总、整理、修改、调整,达到对再制造产品质量持续改进的最终目的。

⑥售后阶段对再制造产品质量的影响。

再制造产品经销售阶段到达用户手中后,再制造企业通过售后服务获得用户满意,增强企业在用户之间的信誉和口碑。再制造售后阶段与产品质量相关的问题主要与维修技术有关。再制造产品在产品保质期内有任何质量问题可以返厂进行质量维修,通过维修使得再制造产品的寿命得以延长,用户能够继续使用再制造产品。因此,维修人员必须熟练掌握产品的维修、保养等专业技能,这对提高再制造产品质量具有重大意义。

(4)再制造工程管理的不确定性。

再制造工程管理的不确定性主要体现在再制造物流中。其主要表现在:一是回收产品到达的时间和数量不确定;二是维持回收与需求平衡的不确定性;三是产品的可拆卸性及拆卸时间的不确定性;四是回收产品可再制造率的不确定性;五是再制造加工路线和加工时间的不确定性;六是对再制造产品的销售需求同样具有不确定性。再制造逆向物流的不确定性,增加了管理的难度,因此,有必要优化控制再制造生产活动的各个环节,以降低生产成本,保证产品质量,提高再制造综合效益。

2.3 再制造工程管理基础理论

2.3.1 产品全寿命周期理论

产品生命周期管理是指从产品系统的原料获取、论证设计、生产制造、储藏运输、产品运行(使用)、维修到回收处理,以使用需求为牵引,进行全过程、全方位的统筹规划和科学管理。在原料获取阶段,考虑原材料的采掘、生产及其对资源环境的影响;在论证设计阶段,统筹考虑产品的服役性能、环境属性、可靠性、维修性、保障性、再制造性、回收利用以及费用、进度等诸多方面要求,进行科学决策;在生产制造阶段,实施全面、严格的质量控制;在使用、维修阶段,正确使用产品的同时,充分发挥维修系统的作用,把握产品故障的规律特征,不断改进和提高维修保障系统的效能,保障产品以最小的耗费获得最大的效能与寿命;在回收处理阶段,使退役报废产品得到最大限度的再利用、再制造,对环境负面影响最小。这种对产品寿命周期各阶段的全过程、全方位的控制管理,实现了传统产品管理的"前伸"与"后延",保证了产品服役性能的形成与发挥,满足了对产品寿命周期费用经济性及环境友好性要求,是发展循环经济和建设节约型社会的重要方面,是实现可持续发展的必然要求。

传统的产品寿命周期是"研制—使用—报废",其物质流是一个开环系统;而理想的绿色产品寿命周期是"研制—使用—报废—再生",其物质流是一个闭环系统。

2.3.2 系统工程理论

系统是由相互作用和相互依赖的若干部件或要素构成,并具有特定功能的有机整体。系统具有目的性、相关性、层次性、整体性和环境适应性等特征。系统根据不同分类标准,可以分为自然系统与人造系统、实体系统与概念系统、动态系统与静态系统、封闭系统与开放系统、简单系统与复杂系统、物理系统与社会系统等。

系统工程是在一般系统论、控制论、信息论、运筹学和计算机科学及由其发展产生的自组织理论、耗散结构理论、协同学理论和突变理论的基础上发展起来的,它既是一门组织管理技术,又是一种对所有系统具有普遍意义的科学方法。系统工程的研究对象一般是复杂大系统,这些系统的复杂性主要表现在:①系统的功能多样,结构复杂,系统的多个目标间经常有冲突关系；②系统通常由多维异质要素构成，属性复杂，规律难以认识；③系统及其环境一般都具有动态性，其演化机理复杂，系统运动过程往往具有随机性；④系统一般是人机一体化系统，由于人的行为规律的复杂性，导致系统具有固有的复杂性。

运用系统工程理论与方法来研究、解决现实系统问题时，需要从整体出发，充分考虑整体与局部的关系，按照一定的系统目的进行整体设计、合理开发、科学管理与控制协调，以期达到总体效果最优或显著改善系统性能的目的。与一般工程技术和管理方法比较，系统工程具有以下特点。

(1) 研究思路的整体性。

运用系统工程理论与方法研究系统问题时，坚持融合整体论的思想方法和还原论的分析方法，即在详细了解组成系统各要素间相互关系的基础上，再从整体出发，研究系统与要素之间的关联关系，认识系统的整体涌现性，揭示系统的内在特征与运动规律，科学地把握全局。

(2) 研究方法的多样性。

研究系统工程问题时，必须根据实际问题的需要灵活地选择科学方法。描述系统工程问题的方法一般是定性描述与定量描述相结合，整体描述与局部描述相结合，确定性描述与不确定性描述相结合。分析研究系统工程问题的方法一般是模型分析与仿真试验相结合、系统分析与系统集成相结合、系统预测与系统控制相结合、系统评价与系统设计相结合。

(3) 运用知识的综合性。

系统工程的研究对象主要是由人主导或有人参与的复杂大系统，所以处理系统工程问题既要有科学性又要有艺术性。系统工程作为一个学科，它是由自然科学与社会科学交叉融合所形成的边缘学科，所以在研究系统工程问题时，既要运用数学、物理、化学、生物、信息、技术等自然科学和技术科学知识，又要运用经济学、社会学、心理学、行为科学等人文学科和社会科学知识。

(4) 应用领域的广泛性。

系统工程的学科属性决定了它具有十分广泛的应用领域，如科技系统工程、工业系统工程、农业系统工程、交通系统工程、建设系统工程、军事系统工程、生态环境系统工程、资源系统工程、经济系统工程、社会系统工程及管理系统工程等。

2.3.3 决策理论与方法

管理学大师西蒙(H. A. Simon)(1978年诺贝尔经济学奖获得者)提出

"管理就是决策"。他认为,管理实际上就是由一连串的决策构成的,通过决策的制订、执行和反馈,最终实现管理的目的。决策是人们为了达到某一目的而进行的方案选择行动,是决策主体以问题为导向,对个人或组织未来行动的方向、目标、方法和原则所做的判断和抉择。科学决策是指决策者凭借逻辑思维、形象思维、直觉思维等,利用科学的理论、方法和技术,按照一定程式和机制完成决策,它具有程序性、创造性、择优性、指导性等特征。

科学决策是决策科学和决策艺术、逻辑推理和直觉判断的有机统一。决策科学从自然规律和社会规律出发,以逻辑推理为基础,基于严密的定量决策方法选择行动方案,追求清晰、一致的决策,体现了决策的科学性。但是,并非所有决策都可以归纳为数学定量运算和方案的后果值比较。许多决策面临的自然环境、社会环境异常复杂和不确定,由于人类对自然规律和社会规律认识的有限性,应用定量决策方法存在诸多困难,具有丰富经验和相关理论的人在决策中的作用不是数学模型或人工智能所能取代的,人的思想、情感、意志、价值观、审美观等在决策过程中都有体现,因此,决策又需要依靠人的直觉判断,它体现了决策的艺术性。决策艺术充分体现了决策过程中人的主观能动性,而决策科学能够帮助决策者提高决策水平,是科学决策的重要基础和参考。

随着社会进步和科学技术的发展,管理中的决策问题面临着越来越复杂的环境,决策问题所涉及的变量规模越来越大,决策所需信息不完备、模糊和不确定等,甚至某些问题的决策目标都是模糊、不确定的,使得决策问题难以完全定量化地表示出来,导致传统的决策数学方法和模型无法胜任问题求解,因而产生了智能决策方法和决策支持系统。

智能决策方法是应用人工智能、专家系统等理论,融合传统的决策数学方法和模型而产生的具有智能化推理和求解能力的决策方法。人工智能主要以两种形式应用于决策科学:一是针对可建立精确数学模型的决策问题,由于问题的复杂性,如组合爆炸、参数过多而无法获得数学模型的解析解,需要借助人工智能中的智能搜索算法获得问题的数值解;二是针对无法建立精确数学模型的不确定性决策问题,需要借助机器学习方法和不确定性理论,如人工神经网络、交互式进化计算、证据理论、粗糙集理论、数据挖掘方法等建立相应的决策模型并获得问题的近似解。

决策支持系统的概念最早由 Keen 和 Morton 于 20 世纪 70 年代初提出,其基本思想是将人的判断力和计算机的信息处理能力结合起来,改进管理者在半结构化和非结构化任务中进行决策的有效性而又不妨碍他们的主观能动性。80年代初,研究者关注于研究决策支持系统如何提高决策有效性;80年代中后期,随着人工智能技术尤其是专家系统和知识工程思想及方法的引入,诞生了智能决策支持系统,研究者越来越强调智能决策支持系统的柔性;90年代以来,随着计算机与通信技术的发展,新决策理论与方法的出现,系统科学领域中数据组织和编程方法论方面新概念与新方法的涌出,智能决策支持系统得到了长足的发展。

在实际工程管理中,从战略规划到工程实践各个环节都存在多种类型的决策问题,根据不同的分类准则,决策问题可分为确定型决策与不确定型决策、单目标决策与多目标决策、单人决策与群体决策、逻辑决策与直觉决策、程序化决策与非程序化决策、定性决策与定量决策等。决策科学的相关理论、方法和技术在工程管理任务中都有广泛的应用。

2.4 再制造工程管理的重要意义

2.4.1 加强再制造工程管理是实现可持续发展的重要途径

据统计,再制造与初始制造的原料耗费量之比为(1:5)～(1:9)。也有研究表明,每年全世界仅再制造业节省的材料就达到1 400万t,节省的能量相当于8个中等规模核电站的年发电量。例如,对发动机进行再制造的能量消耗仅为生产新发动机的50%,劳动力消耗也只需70%。再制造在减少自然矿藏开采提炼所消耗的原材料,以及新产品制造过程中造成的能源消耗和环境污染的同时,还大量减少了废弃物对环境的污染及处理工业固体垃圾的费用。美国环境保护局估计,如果美国汽车回收业的成果能被充分利用,对大气污染水平将比目前降低85%,水污染处理量将比目前减少76%,这充分说明对机电产品进行再制造可减少原生资源的开采,减轻我国人均资源匮乏的压力,满足经济可持续发展的需要。

2.4.2 加强再制造工程管理是提取产品附加值、获得良好经济效益的重要途径

产品附加值是指在产品从原材料到成品的制造过程中所付出的劳动力、能源、设备及有关生产活动的成本。在多数耐用产品中,产品附加值占产品成本的绝大部分,如较复杂的精密金属零部件,原材料费一般只占其成本的百分之几,而百分之九十几则是其附加值。再制造是以废旧零部件做毛坯,采用先进表面技术和其他加工技术对其磨损或锈蚀部位进行

修复和强化,能充分提取报废零部件的附加值,具有显著的经济效益。美国全国再制造和资源恢复中心主任纳比勒·纳斯尔强调:"再制造是一种从部件中获得最高价值的合算方法。"

2.4.3 推动再制造工程管理是提高社会效益的重要途径

发展再制造工程,创建再制造企业,将可建立一批新兴产业,解决大量就业问题。研究表明,美国的再制造、再循环产业每产生 100 个就业岗位,采矿业和固体废弃物安全处理业就将失去 13 个就业岗位。由此可以看出,再制造、再循环产业创造的就业机会远大于其减少的就业机会。再制造生产过程不同于传统的产品大修,它是以废旧产品为对象,因此成本较低。同时再制造采用专业化、大批量的流水线生产方式,在对废旧产品的全面拆解、鉴定和技术改造的基础上,按原型产品的标准恢复零部件的性能。加之再制造在时间上比原始制造有一定的滞后性,在这期间科技的进步能够使再制造产品及时得到改造和升级,产品质量能够等同甚至高于原型产品。所以再制造向人们提供了物美价廉的产品,用户购买再制造产品的价格能够比购买原型产品降低 45%~50%。

发达国家相继立法支持机电产品的再制造,强化了对进口机电产品废弃时的资源回收利用。如果我国企业能积极开展再制造的产品设计,就可以避开这些国家的贸易壁垒,还可对进入我国市场的外国机电产品实施严格的资源回收利用评估。

目前,国内外越来越重视产品的全寿命周期管理。传统的产品寿命周期是从设计开始,到报废结束。全寿命周期管理不仅要考虑产品的论证、设计、制造的前期阶段,还要考虑产品的使用、维修直至报废处理的后期阶段。其目标是在产品的全寿命周期内使资源的综合利用率最高,对环境的负影响最小,费用最低。再制造工程在综合考虑环境和资源效率问题的前提下,在产品报废后,能够高质量地提高产品或零部件的重新使用次数和重新使用率,从而使产品的寿命周期成倍延长,甚至形成产品的多寿命周期。

本章参考文献

[1] 徐滨士.再制造工程基础及其应用[M].哈尔滨:哈尔滨工业大学出版社,2005.
[2] 杨善林.复杂产品开发工程管理理论与方法[M].北京:科学出版社,

2012.

[3] 徐滨士,史佩京,刘渤海,等. 再制造产业化的工程管理问题研究[J]. 中国表面工程,2012,25(6):107-111.

[4] 梁秀兵,刘渤海,史佩京,等. 智能再制造工程体系[J]. 科技导报,2016,34(24):74-79.

[5] 徐滨士,梁秀兵,史佩京,等. 我国再制造工程及其产业发展[J]. 表面工程与再制造,2015(2):6-10.

第3章 我国再制造政策及法律、法规

我国的再制造发展经历了产业萌生、科学论证和政府推进3个阶段,我国再制造产业的持续稳定发展,离不开国家政策的支撑与法律法规的有效规范。我国再制造政策法规经历了一个从无到有、不断完善的过程,再制造产业的发展逐渐走上了法制化道路。

1. 我国再制造产业发展存在的问题及面临的挑战

(1)社会公众对再制造认识高度不够,观念尚未普及。

再制造作为制造产品报废阶段高技术回收处理的新理念,在我国还没有被人们广泛认识,再制造企业和消费者对再制造发展的世界背景认识不清,缺乏大局观和危机意识。

首先,制造企业对发展再制造产业认识高度不够,总认为再制造产品会影响其新产品的市场,而没有看到再制造对企业可持续发展的深远影响,没有认识到再制造是绿色循环经济科学发展的必然要求。其次,消费者没有真正认识到使用再制造产品的益处和社会贡献,没有认识到再制造产品具有同样质量和完善的售后服务,这与目前缺少对再制造的正面宣传报道和长期形成的消费观念有很大关系。

(2)发展思路尚待清晰,缺乏创新和规范管理。

再制造是对维修的创新发展,是在先进制造、维修服务体系中交叉、融合、优化出来的新兴产业领域,对企业的创新和规范管理要求很高。同时,有些企业简单地认为制造标准就是再制造标准,没有充分认识到再制造对象和过程的复杂性,导致大部分企业在废旧产品检测、再制造毛坯修复等关键环节没有建立相应的质量控制体系。

(3)存在政策障碍,政府支持不足。

长期以来,由于我国的产业结构对再制造没有一个明确的定位、需求和发展态度,致使各部门在制定产业结构发展规划时没有考虑制造业可持续发展对再制造业的需求,有些政策和法规从各个方面对再制造的发展客观上设置了障碍。同时,涉及再制造的职能管理部门较多,各个部门或机构对再制造认识的深度不一致,对再制造的概念以及其在我国发展再制造产业的重要意义没有引起足够的重视。

(4)部分关键技术需要攻关和推广,相关设备尚未实现产业化生产。

目前大部分再制造试点企业主要采用换件法和尺寸修理法进行再制造,导致再制造后产品非标件多,用户认可程度低,加工成本高,废旧产品再制造率低。特别是缺乏废旧产品质量检测和寿命评估技术,影响了再制造产品的可靠性;缺乏先进的表面工程新技术,大量磨损的关键零部件无法修复,废旧产品的再制造率低。

2. 我国的再制造政策及法律、法规

我国在工业经济发展过程中,对再制造产业给予足够重视,产业支持政策自2005年以来相继颁布。

2000年12月,中国工程院咨询项目报告《绿色再制造工程及其在我国应用的前景》引起了国务院领导的高度重视,并被批转国家计委、经贸委、科技部、教育部、国防科工委、铁道部、信息产业部、环保总局、民航总局等机关参阅。

2005年6月,《国务院关于加快发展循环经济的若干意见》中将"支持废旧机电产品再制造""绿色再制造技术"列为"国务院有关部门和地方各级人民政府要加大经费支持力度的关键、共性项目之一"。

2006年3月,科技部颁布《国家中长期科学和技术发展规划战略研究报告》。其中第三专题"制造业发展科技问题研究"中共有5处提到再制造,其中"共性关键制造技术与再制造技术"被列为制造业未来20年国家优先支持的三大重点领域中的重点发展主题之一。

2006年4月,时任国务院副总理的曾培炎在《关于汽车零部件再制造产业发展及有关对策措施建议的报告》上批示:"同意以汽车零部件为再制造产业试点,探索经验,研发技术,同时要考虑定时修订有关法律法规。"

2007年10月,《关于请组织申报汽车零部件再制造试点企业的通知》指出,在全国选择部分有代表性、具备再制造基础的汽车整车生产企业,或其自行设立的汽车零部件再制造企业,对通过售后服务网络回收回来的旧汽车零部件进行再制造。开展再制造试点的汽车零部件产品范围暂定为:发动机、变速箱、发电机、起动机及转向器。

2008年3月,国家发展改革委批准一汽、重汽、潍柴等14家企业作为"汽车零部件再制造产业试点企业",同时发布了《汽车零部件再制造试点管理办法》。

2009年1月,《中华人民共和国循环经济促进法》颁布施行,其中明确提出"国家支持企业开展机动车零部件、工程机械、机床等产品的再制造"。

2009年11月,工信部启动了包括工程机械、矿采机械、机床、船舶、再制造产业集聚区等在内的8大领域35家企业参加的再制造试点工作。

2009年12月,时任国务院总理温家宝对发展我国再制造产业做出重要批示:"再制造产业非常重要。它不仅关系循环经济的发展,而且关系扩大内需和环境保护。再制造产业链条长,涉及政策、法规、标准、技术和组织,是一项比较复杂的系统工程。"

2010年2月,国家发展改革委、国家工商管理总局联合发出《关于启动并加强汽车零部件再制造产品标志管理与保护的通知》,明确指出正式启用汽车零部件再制造产品标志。

2010年5月,国家发展改革委、工信部、科技部等11部委联合发布了《关于推进再制造产业发展的意见》,进一步从宏观层面明确了我国再制造产业发展的路径和相关措施,指导全国加快再制造的产业发展,并将再制造产业作为国家新的经济增长点予以培育。

2010年9月,工信部编制印发《再制造产品认定实施指南》,指出明确再制造产品认定管理工作中各相关单位的职责,明晰各认定环节的具体要求。

2011年3月,《中华人民共和国国民经济和社会发展第十二个五年规划纲要》中指出,加快完善再制造废旧产品回收体系,推进再制造产业发展;开发应用源头减量、循环利用、再制造、零排放和产业链接技术,推广循环经济典型模式。

2011年9月,国家发展改革委在《关于深化再制造试点工作的通知》中指出,确保汽车零部件再制造试点取得实效,适当扩大再制造试点范围,加大支持力度,切实加强监督管理。

2012年6月,国务院在《"十二五"节能环保产业发展规划》中指出,重点推进汽车零部件、工程机械、机床等机电产品再制造,研发废旧产品无损检测与寿命评估技术、高效环保清洗设备,推广纳米颗粒复合电刷镀、高速电弧喷涂、等离子熔覆等关键技术和装备。

2012年7月,财政部、国家发展改革委联合制定了《循环经济发展专项资金管理暂行办法》,指出重点支持可再制造技术进步、废旧产品回收体系建设、再制造产品推广及产业化发展等。

2013年1月,国务院在《循环经济发展战略及近期行动计划》中指出,重点推进机动车零部件、机床、工程机械、矿山机械、农用机械、冶金轧辊、复印机、计算机服务器及墨盒、硒鼓等的再制造,探索航空发动机、汽轮机再制造,继续推进废旧轮胎翻新。

2013年11月,工信部组织编制了《内燃机再制造推进计划》,欲加快发展内燃机再制造产业,推动我国内燃机产业从"大量生产、大量消费、大量废弃"的单向型直线生产模式向"资源—产品—失效—再制造"的循环型产业模式转变,提升产业可持续发展能力。到"十二五"末期,内燃机行业形成35万台各类内燃机整机再制造生产能力,3万台以上规模的整机再制造企业6~8家,3万台以下规模的整机再制造企业6家以上。再制造产业规模达到300亿元,配套服务产业规模达到100亿元。

2017年1月,工信部、商务部、科技部联合发布《关于加快推进再生资源产业发展的指导意见》,提出推动报废汽车拆卸资源化利用装备制造,积极推进发动机及主要零部件再制造,实施再制造产品认定,颁布再制造产品技术目录,制定汽车零部件循环使用标准规范,实现报废机动车零部件高值化利用。此外,落实资源综合利用税收优惠政策,加快再生产品、再制造等绿色产品的推广应用。

2017年5月,国家发展改革委、科技部、工信部、财政部、商务部等14个部委联合制定了《循环发展引领行动》,支持再制造产业化、规范化、规模化发展,推进"军促民"再制造技术转化,提升产业的技术水平与规模。

2017年11月,工信部组织制订了《高端智能再制造行动计划》,聚焦盾构机、航空发动机与燃气轮机、医疗影像设备、重型机床及油气田等高端智能装备。通过创新增材制造、特种材料、智能加工、无损检测等高端智能共性技术的产业化应用,实施高端智能再制造示范工程,培育高端智能再制造产业协同体系。

2018年10月,修订后的《中华人民共和国循环经济促进法》第四十条再次明确:"国家支持企业开展机动车零部件、工程机械、机床等产品的再制造和轮胎翻新。销售的再制造产品和翻新产品的质量必须符合国家规定的标准,并在显著位置标识为再制造产品或者翻新产品。"

综上分析,在国家政策支撑及法律、法规有效规范下,我国再制造产业获得了持续稳定的发展。但同时,我国再制造发展仍然面临着生产成本高,税收政策、废旧产品来源、产品质量认证缺乏统一标准,民众认可接受程度低等众多问题。在此情况下,再制造企业抱团集聚发展有助于专业化回收、拆解、清洗、再制造和公共平台的建设,形成完整的产业链,有利于技术、管理知识的交流和人力资源的培养与利用,可分散单一企业压力,建立有序的协作关系,促进企业规范化发展。

3. 我国发展再制造产业急需开展的工作

与发达国家相比,我国再制造产业还处于起步阶段,骨干企业数量较少,行业规模效应尚未形成;表面工程技术等修复加工技术取得了一定突破性进展,但没有形成产业化应用;绿色清洗、无损检测、剩余寿命评估等关键技术仍不完善;再制造产品以传统产品的性能修复为主,对高附加值产品的再制造、产品提质升级再制造、智能化技术的应用亟待突破;再制造产业链不完整,整机与零部件再制造企业合作不够紧密,逆向物流与销售体系建设不够完善;再制造产品定位不明确,市场需求不明确,产品社会认知度仍有待提高;再制造扶持政策力度尚需明确,在市场准入、废旧产品来源、财税优惠等政策方面尚需进一步完善。

(1)进一步推广再制造技术与装备的应用,提升企业再制造技术能力。

鼓励产、学、研一体,在再制造企业继续推广应用一批核心再制造技术和装备。快速、无损、自动化拆解技术与装备,绿色清洗设备,无损检测设备,全自动化纳米复合表面工程技术装备在工程机械等重点行业得到广泛应用。加快再制造成套设备的研发与应用,鼓励有能力的企业探索建设专业再制造产品自动化生产线。

(2)发展专业化企业,再制造产业链健康运转。

支持成立专业化废旧产品回收、清洗,零部件再制造,零部件检测,再制造产品销售企业;鼓励第三方物流企业和专业检测机构开展再制造相关业务;充分发挥专业化企业优势,探索以旧换再、融资租赁、以租代购等废旧产品回收模式,建立稳定的废旧产品回收逆向物流体系,拓展再制造产品的销售渠道;对精密和复杂的整机设备,通过协议外包形式开展关键零部件再制造和实现再制造关键过程,发展产业链协同制造,降低再制造企业成本。

(3)推进高端装备再制造及高端再制造技术研究。

在航空、轨道交通、海洋工程设备等高端装备领域实施再制造,针对航空发动机、燃气轮机、盾构机、重型矿用载重车等大型成套设备及关键零部件实施再制造,扶持一批骨干企业;对于变速箱、复印机、鼓粉盒、机床等技术难度大、依赖进口的产品,鼓励原制造企业在国内开展再制造,支持国内企业通过原厂授权模式开展再制造,探索原制造商、大修厂、再制造厂的企业联盟模式。

支持关键再制造技术的研发,开展可拆解性设计、产品结构干涉分析等方法的研究;研发再制造毛坯件剩余寿命评估技术、快速无损检测技术;开发针对大型、复杂和高端装备的再制造生产技术与自动化装备;研发自动化再制造成形加工系统,具备表面再制造与三维立体再制造的能力。

(4)推进智能、信息化手段在再制造领域的应用。

鼓励产学研单位研究智能化、信息化手段在再制造领域的应用,对传统机电产品、通用型复印机、打印机实施智能再制造;探索生物工程技术、模拟和仿真技术、3D打印技术在再制造领域的应用。鼓励企业应用建模技术、先进性能评估技术、在线状态监测与故障诊断技术进行再制造;鼓励企业采用智能控制系统、实时通信技术、系统协同技术对再制造生产进行管理。

(5)实施互联网+再制造,实现网络化协同发展。

充分发挥互联网在逆向物流回收体系中的平台作用,对工艺复杂的再制造产品,探索建立再制造公共信息服务和交易平台;探索建立再制造产品信息追溯系统;鼓励互联网企业参与建设再制造产品回收、物流、定价销售电子商务系统;支持行业协会和重点企业探索建立基于互联网信息共享与业务协同的创新商业模式和销售模式。

(6)开展在役机电装备性能恢复和提升再制造。

对废旧和性能低下、故障频发、技术落后的在役机电装备实施在役再制造。针对能源、化工、冶金、电力等行业重大技术装备实施再制造,对冶金重大技术装备中的高炉碴口、轧辊、热轧工具、水压机油压柱塞,石油化工重大技术装备中的高温高压反应容器、裂解炉管、大型储油设施,火力发电重大技术装备中的汽轮机叶片、缸盖、磨煤机零部件、锅炉"四管",水力发电重大技术装备中的水轮机叶轮,以及风力发电机、燃油发电机、太阳能发电机的关键零部件开展再制造工程。结合再制造产品认定,推动盾构装备控制系统升级再制造,继续推进重型机床产品数控系统升级再制造,推进电机产品能效提升再制造,推动发动机产品排放等级提升再制造。

(7)推进再制造产业标准化与产品检测认证。

重点制定再制造共性基础标准、产品再制造设计标准、再制造零部件质量标准、再制造技术工艺标准;以盾构机、变速箱、复印机为突破口,明确再制造关键零部件,进一步完善再制造产品评价标准;统一再制造产品标识的使用要求。进一步加强再制造认定工作,改革认定流程与模式,促进再制造标准的应用,探索再制造产品认证制度的建立。

(8)推进政策试点和企业创新试点。

对于盾构机、掘进机等产品,试点以融资租赁形式进行旧机回收;对于工程机械等产品,试点以经销商协议的形式实现旧机回收;对于复印机、打印机等产品,试点以用户以旧换新补贴形式实现旧机回收;探索在"一带一路"区域及自贸区范围内试点开展再制造国际业务,允许进口废旧产品及出口再制造产品;鼓励外资企业在国内开展原厂再制造;探索废旧产品回收财税减免及再制造产品销售税按营业税起征政策试点。

(9)提升再制造产品的社会认知,拓宽再制造产品应用范围。

明确再制造产品概念,制订准确且通俗的再制造宣传标签,开展校园推广活动,定期发布再制造发展报告,组织再制造高层论坛及展会,提升公众对再制造产品的认知;推动政府采购中纳入再制造产品;提高维修领域使用零部件再制造品的比例。

未来5~10年将是我国再制造业依靠科技、体制和管理创新,走绿色智能之路,调整产业结构,转变发展方式,实现再制造产业由大变强的关键时期,我国再制造技术和产业正面临着前所未有的新挑战和难得的发展机遇。

本章参考文献

[1] 徐滨士,刘世参,史佩京. 再制造工程的发展及推进产业化中的前沿问题[J]. 中国表面工程,2008(1):1-5.

[2] 徐滨士,史佩京,刘渤海,等. 再制造产业化的工程管理问题研究[J]. 中国表面工程,2012,25(6):107-111.

[3] 徐滨士,刘世参,史佩京. 推进再制造工程管理,促进循环经济发展[J]. 管理学报,2004(1):28-31.

[4] 胡桂平,王树炎,徐滨士. 绿色再制造工程及其在我国应用的前景[J]. 水利电力机械,2001(6):33-35.

[5] 李育贤. 中外汽车零部件再制造产业发展现状分析[J]. 汽车工业研

究,2012(3):35-38.
[6] 向姣姣. 中国汽车零部件再制造产业发展模式研究[D]. 武汉:武汉理工大学,2012.
[7] 徐滨士,董世运,史佩京. 中国特色的再制造零部件质量保证技术体系现状及展望[J]. 机械工程学报,2013,49(20):84-90.
[8] 徐滨士. 中国再制造工程及其进展[J]. 中国表面工程,2010,23(2):1-6.
[9] 徐滨士,史佩京,魏世丞,等. 中国特色的再制造产业及其创新发展[J]. 中国经贸导刊,2014,42(13):1-5.
[10] 徐滨士,史佩京,魏世丞,等. 创新激活中国特色再制造产业[J]. 中国科技投资,2013(30):41-45.

第4章 再制造逆向物流管理

本章主要介绍再制造逆向物流管理,要求学生理解再制造逆向物流与正向物流的区别,掌握再制造生产与原型产品制造活动的区别,熟练掌握再制造逆向物流的内涵与主要环节;了解再制造仓储的分类,掌握再制造生产的六大特点。

再制造是以产品全寿命周期设计和管理为指导,以优质、高效、节能、节材、环保为目标,以先进技术和产业化为手段,来修复或改造报废产品的一系列技术或工程活动的总称。再制造是一个比较复杂的过程,涉及废旧产品的回收、检测、拆卸、库存、运输等环节,同时还包括对拆卸后没有利用价值的废旧零部件的处理。由于我国自然资源并不丰富,人均资源更少,经济的高速发展导致对资源的大量消耗和报废产品不断增加,对环境造成了巨大的压力,因此,提倡产品的再制造就显得十分重要。

要进行再制造,就离不开再制造物流和一个良好的再制造物流网络。一个有效的再制造物流系统能够使废旧产品以较高的效率得到回收,给企业提供较为准确的信息,使企业能够合理安排库存和生产计划,并使再制造后的产品及时地送达消费者,并满足其需求。由于再制造涉及废旧物品的回收,因此,再制造物流和逆向物流有着密切的联系。加强再制造产品物流的研究,可以为再制造企业提供丰富的再制造毛坯,优化控制回收、检测、分类、仓储等各环节,降低再制造的生产成本,从而促进再制造产业的发展。

4.1 再制造逆向物流的内涵与主要环节

4.1.1 再制造逆向物流的内涵

逆向物流也称反向物流,是指物品从供应链下游向上游运动所引发的物流活动。逆向物流包括退货逆向物流和回收逆向物流两部分。退货逆向物流指下游消费者将不符合订单要求的产品退回给上游供应商,其流程与常规产品流正好相反。回收逆向物流指将最终消费者所持有的废旧物品回收到供应链上各节点企业。

再制造逆向物流是指以再制造生产为目的,为重新获取产品的价值,产品从其消费地至再制造加工点并重新回到销售市场的流动过程。对产品的再制造来说,由于它是对废旧产品进行回收并对回收的废旧产品中具有利用价值的零部件进行再制造加工处理,因此,再制造主要涉及逆向物流中的回收逆向物流。

再制造是通过必要的拆卸、检修和零部件更换等,将废旧产品(零部件)恢复到原型产品过程。先从消费者处回收废旧产品,经回收中心拆卸、检测/分类等处理后,将不可再制造的零部件运往其他处理点(如再循环、废弃处置等),可再制造零部件送往工厂进行再制造处理,在再制造的过程中还需要从供应商处采购新的零部件,一起重新组装成再制造产品,最后再制造产品通过分销中心进行销售。

再制造物流包含将废旧产品从消费地运回生产地的逆向物流及将再制造产品从生产地运往消费地的正向物流,涉及废旧产品收集、检测/分类、再制造、再分销等环节,是一种闭环物流系统,如图4.1所示。

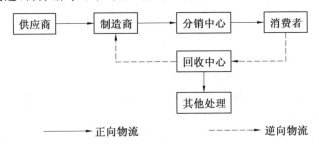

图4.1 再制造物流示意图

再制造物流的内涵可以从目标、对象、功能要素和行为主体等方面进行描述。

①从再制造物流的目标看,再制造物流是为了重新获取废旧产品的使用价值或对其进行合理处置。

②从再制造物流的对象看,再制造物流是废旧产品从供应链上某一成员向同一供应链上任一上游成员或其他渠道成员的流动过程。

③从再制造物流的功能要素看,再制造物流包括对废旧产品进行收集、检测/分类、再制造、再分销和其他处理等活动。

④从再制造物流的行为主体看,主要包括原始设备制造商(Original Equipment Manufacturer,OEM)供应链和专业的第三方再制造物流渠道。

根据上述再制造物流的内涵,构建再制造物流的体系结构如图4.2所示。

4.1 再制造逆向物流的内涵与主要环节

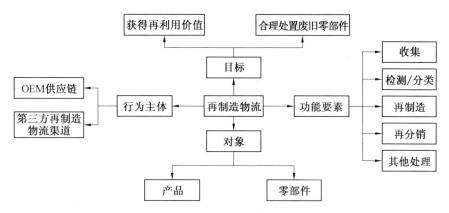

图 4.2 再制造物流的体系结构

4.1.2 再制造逆向物流的主要环节

再制造是一个比较复杂的过程,涉及废旧产品的回收、检测、拆卸、库存、运输等环节,同时还包括对拆卸后没有利用价值的废旧零部件的处理。再制造物流包含以下几个主要环节。

(1) 回收。

将消费者手中的废旧或过时产品通过无偿或有偿的方式返回收集中心,再由收集中心送往再制造加工厂。这里的收集中心可能是供应链上的任何一个节点,如来自消费者的产品可能返回到上游的供应商、制造商,也可能是下游的配送商、零售商,还有可能是专门为再制造设立的回收点。回收通常包括收集、运输、仓储等活动。

(2) 初步分类、储存。

对回收产品进行测试分析,并根据产品的结构特点及产品各零部件的性能确定可行的处理方案,主要是评估回收产品的可再制造性。对回收产品的评估大致可分为产品整机可再制造、产品整机不可再制造及产品核心部件可再制造 3 类。对产品核心部件可再制造的回收产品,要先进行拆卸,取出可再制造部件,然后将可再制造的回收产品、不可再制造的回收产品和回收产品中拆卸的部件分开储存。

对回收产品的初步分类、储存,可以避免将无再制造价值的回收产品输送到再制造企业,减少不必要的运输,从而降低运输成本。

(3) 包装与运输。

回收的废旧产品一般都是脏的或可能会污染环境的产品,为了装卸、搬运的方便,并防止回收的废旧产品污染环境,要对回收产品进行必要的

63

捆扎、打包和包装。对回收产品的运输,要根据物品的形状、单件质量、容积、危险性、变质性等选择合理的运输手段。对于原始设备制造商再制造体系,由于再制造生产的时效性不是很强,因此,可以利用新产品销售的回程车队运输回收产品,以节约运输成本。

(4)再制造加工。

再制造加工包括产品级和零部件级的再制造,最终形成质量等同或高于原型产品的再制造产品和零部件,其过程包括修复、维修、再加工、替换、再装配等步骤。由于回收物流的到达时间、质量和数量的不确定性,产品拆卸程度与拆卸时间的不确定性,因此增加再制造生产计划的难度,可以借助逆向物流信息网络,提供产品特征(如产品结构、制造、市场、使用等)的数据资料,编制再制造生产的作业计划,优化再制造加工业务的流程。

(5)再制造产品的销售与服务。

再制造产品的销售与服务是将再制造产品送到有此需求的用户手中并提供相应的售后服务,一般包括销售、运输、仓储等步骤。影响再制造产品销售的主要因素是消费者对再制造产品的接纳程度,因此,在销售时必须强调再制造产品的高质量,并在价格上予以优惠。

4.1.3 再制造逆向物流的特点

再制造逆向物流的特点是其各项活动中包含了各种不确定性。

(1)回收产品到达的时间和数量不确定。

回收产品到达的时间和数量不确定是产品使用寿命不确定及销售随机性的一个反映,它集中体现在废旧产品的回收率上。很多因素都会影响废旧产品的回收率,如产品处于寿命周期的哪个阶段、技术更新的速度、销售状况等。

(2)平衡回收与需求的困难性。

为了得到最大化利润,再制造必须考虑把回收产品的数量与对再制造产品的需求平衡起来。这就给库存管理带来了较大困难,需要避免回收产品的大量库存和不能及时适应消费者的需求两类问题。

(3)产品的可拆卸性、拆卸时间及废旧产品拆卸后零部件的可用性等方面的不确定性。

回收的产品必须是可以拆解的,因为只有在拆解以后才能分类处理和存储。要把拆解和仓储、再制造和再装配高度协调起来,才能避免过高的库存和不良的消费者服务。

(4)回收产品的可再制造率不确定。

相同旧产品拆卸后得到的可以再制造的部件往往是不同的,部件根据其状态不同可以被用作多种途径。除了被再制造之外,还可以当作备件卖给下一级回收商作为材料再利用等,这个不确定性给库存管理和采购带来了很多问题。

(5)再制造物流网络的复杂性。

再制造物流网络是将废旧产品从消费者手中回收,运送到设备加工工厂进行再制造,然后将再制造产品运送到再利用市场的系统网络。再制造物流网络既包含传统从生产者到消费者的正向物流,又包含废旧产品从消费者到生产者的逆向物流,是一个闭环的物流体系。再制造物流网络的建立,涉及回收中心的数量和选址、产品回收的激励措施、运输方法、第三方物流的选择、再加工设备的能力和数量等诸多问题。再制造物流网络要有一定的稳定性,才能消除各种不确定因素的影响。

图4.3为复印机再制造加工物流网络。当复印机由于零部件损坏、老化、功能单一等因素被淘汰或者由于在销售中用于展示等原因不可再利用时,这些废旧复印机就被送回产品回收中心,回收中心对该废旧产品进行检测,如果是可继续使用产品,回收中心就将其直接提供给制造商和(或)分销商,制造商对这些产品进行更新后就可以再次进入分销系统,而分销商则只需对这些产品再次包装就可以直接进入分销。检测结果如果是不可继续使用产品,则对产品进行拆卸处理,易耗零部件、不可再次使用的零部件直接进入最终处理,对其进行报废、焚烧等。可再次使用的零部件被运往供应商,由供应商对零部件进行处理后再提供给制造商进入生产、分销供应链领域。

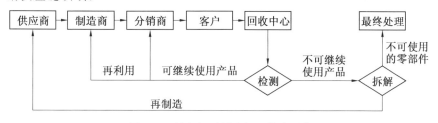

图4.3 复印机再制造加工物流网络

(6)再制造加工路线和加工时间不确定。

再制造加工路线和加工时间的不确定性是实际生产和规划时最应关心的问题。加工路线不确定是回收产品的个体状况不确定的一种反映,高度变动的加工时间也是回收产品可利用状况的函数。资源计划、调度、车间作业管理及物料管理等都因为这些不确定性因素而变得复杂。

再制造产品物流的 6 个不确定性增加了管理的难度,因此,有必要优化控制再制造生产活动的各个环节,以降低生产成本,保证产品质量。例如,通过研究影响废旧产品回收的各种因素建立预测模型,以估计产品的回收率、回收量及回收时间;研究新的库存模型以适应再制造生产条件下库存的复杂性;研究新的拆解工具和拆解序列,以提高产品的可拆解性和拆解效率;研究废旧产品的评价模型和剩余寿命评估技术,以准确评价产品的可再制造性等。

4.1.4 建立有效的再制造逆向物流网络

1. 建立专业的废旧产品回收中心

专业的废旧产品回收中心可以对回收的零部件进行专业的清洗和拆解,对于可以进行再制造的零部件,分类并存入仓库;对于不可修复的零部件,提炼其原材料。专业的废旧产品回收中心具有强大的分类功能,遵循再制造行业的标准,按照零部件的规格、结构、性能、用途等进行细致的分类并存入仓库中,这样可以加快处理速度,进行统一有效的处理,同时也节约了库存的成本。回收中心可以充分发挥专业化和规模化的优势,对回收的产品可以集中处理,降低回收的废旧物品在数量上和质量上的不平衡性。回收中心具有大规模运输的优势,也能够降低单位装运成本。回收中心对回收的废旧物品进行集中处理,更能加大运输批量,发挥运输批量经济的优势。

专业的废旧物品回收中心可以由供应链中处于优势地位的企业来运营,也可以由第三方的专业化公司提供服务。

2. 建立再制造产品信息网络数据库

再制造物流的流动不仅是物流和资金流,而且包括信息流的双向流动。这些信息包括即时敏感的需求与销售数量、库存数量、货运状况、产品的技术参数,以及产品的制造、材料、结构信息等。由于再制造需要的产品信息在时间上和地域上跨度很大,因此,要有效和准确地收集、存储与调用这些数据,依靠传统的技术解决则需要大量的人力、物力,并且效果不好。日益发展的 Internet 技术正好提供了这样的解决手段。建立基于 Internet 技术的产品再制造信息动态网络数据库,处于再制造物流供应链的所有成员,都能够通过 Internet 及时了解和更新这些数据。

再制造信息网络对再制造物流网络具有以下重要的作用。

(1)降低物流网络中的不确定性。

在再制造物流网络中存在以下的不确定性,如回收产品的数量和质量具有不确定性,即拆解中心的货源具有不确定性;回收产品拆解产生零部件数量、质量具有不确定性,即对制造/再制造的供应具有不确定性。这些不确定性给物流网络中的生产计划、库存控制及物流网络的布局带来了一定的困难。而信息网络能及时提供相关信息,可有效降低物流网络的不确定性。

(2)及时调整物流网络中的物流分配。

物流分配的合理与否,直接影响制造商的利润。在信息网络中,仓储批发商根据所获得的相关区域的消费者对再制造产品和新产品的需求信息,把自己对再制造产品和新产品的需求量提供给制造/再制造厂家。这样,制造/再制造厂家可根据各个批发商的需求量及时调整物流分配,以获得更高的利润。

老旧汽车报废更新信息管理系统的建立由商务部负责组织实施,中国物资再生协会对报废汽车回收拆解信息网络管理系统进行技术研发。通过老旧汽车报废更新信息管理系统,各报废汽车回收拆解企业可在线填报回收车辆信息,并打印报废汽车回收证明;根据财政部、商务部公告2011年第28号《2011年老旧汽车报废更新补贴资金发放范围及标准》,对老旧汽车报废更新补贴车辆范围及补贴标准在线管理;各地商务主管部门可在线完成对以旧换新、补贴资金申请的审核及统计工作;商务部、财政部等部门能及时掌握汽车以旧换新政策实施情况,商务主管部门及时统计分析车辆报废回收情况,掌握资源回收、环境保护和我国汽车工业发展状况。老旧汽车报废更新信息管理系统的开通,将有助于提高补贴资金申领、审核效率和信息统计的准确性,加强报废汽车回收管理,为顺利实施老旧汽车报废更新提供基础保障。

3. 合作与信用保障体系

再制造物流网络是一个很复杂的网络体系,有许多的利益者,如制造商、批发商、零售商、废旧产品回收方等。再制造物流网络上的这些企业要达成共赢,就要加强相互之间的合作。在再制造物流网络中,供应链上的各个企业应当达成长期共识,发展高标准的信任与合作关系。只有这样,才能更好地促进信息流、资金流、物流在网络中的传递,较好地提高整个再制造物流网络的效率,发挥再制造物流网络的作用,保证再制造的顺利进行和各个企业利润的实现。

4.2 再制造废旧产品的回收与拆解管理

4.2.1 再制造废旧产品的回收

1. 废旧产品回收再制造模式

实行废旧产品的循环利用,能够实现经济发展中的资源节约和环境友好,而明确废旧产品回收再制造的流程处理模式,选择合理的回收组织模式和再制造组织模式,可以为废旧产品的循环利用提供具有实践价值的运作模式,从而提高循环利用资源的效率及环境效益。

废旧产品回收业务功能应该包括收集、清洗、拆卸、检测/分类和库存控制等。执行这些功能的产品回收网络渠道的组织依赖于品种多样性、产品寿命长短、技术更新频率、废品返回量大小、回收库存布局、回收成本大小、回收商的处理能力等而存在不同的组织结构。废旧产品逆向物流网络的回收组织模式分为制造商回收、零售商回收及第三方回收 3 种。在生产商延伸制度下,依据回收活动的主导角色不同,废旧产品回收模式主要有生产者负责回收(自营)、生产者联合体负责回收(联营)和第三方回收商负责回收(外包)3 种。

(1)生产者负责回收(自营)。

企业的自营模式就是生产者建立自己独立的废旧产品回收体系,自己管理回收处理业务。这种模式也是生产者延伸责任制的主要形式。企业一旦实施这种模式,就会重视产品的生产销售和售后服务,还会重视消费之后的废旧产品的回收和处理。企业可以在原有的正向物流网络的基础上构建及本企业产品销售区域的逆向回收网络,并将回收的废旧产品送到专门的回收处理中心进行集中处理。这种模式可以充分利用原有的物流网络。生产者自营模式的废旧产品回收过程如图 4.4 所示。

图 4.4 生产者自营模式的废旧产品回收过程

(2)生产者联合体负责回收(联营)。

企业的联营模式就是生产相同或相似产品的生产者之间通过合作,共同出资(与第三方回收商合作)建立共同的废旧产品回收体系,包括回收网络和处理中心。由生产者共同建立联合责任组织,该组织负责整个废旧产品回收体系的构建和运行,为合作企业甚至包括非合作企业提供废旧产品回收服务。企业间形成相互信任、共担风险、共享收益的物流合作伙伴关系,优势互补。生产者联营模式的废旧产品回收过程如图4.5所示。

图 4.5　生产者联营模式的废旧产品回收过程

(3)第三方回收商负责回收(外包)。

企业的外包模式是指企业在销售产品后,企业自己并不直接参与寿命终端(End-of-Life,EOL)产品的回收工作,而是以业务外包的方式将废旧产品的回收处理业务通过支付费用等方式,交由专业从事逆向物流的第三方回收商负责实施。而第三方回收商利用其专业优势,为不同的生产者提供逆向物流服务,并将回收后的 EOL 产品根据合同的要求转交生产者或者交到供应链各环节上相应的企业。生产者外包模式的回收过程如图4.6所示。

图 4.6　生产者外包模式的回收过程

2. 废旧产品回收模式影响因素分析

作为一个经济主体,企业选择废旧产品回收模式,在遵守国家法规政策的同时,是以获取最大化利益为目标的。影响企业选择废旧产品回收模式的因素有经济因素、政策因素、管理因素和技术因素4种。

(1)经济因素。

企业实施逆向物流,选择合适的废旧产品回收模式是其首要工作。成本和收益是企业从事某项活动所要考虑的重要因素。在废旧产品回收中,收益和成本同样成为企业选择合适废旧产品回收模式的重要指标,企业应根据自己的实力和规模,选择利润最大的回收模式。

(2) 政策因素。

目前,由于消费者权益保护的日益加强,环境污染的不断加剧,各国纷纷颁布相关法律法规,明确规定生产者延伸责任制,强制生产企业从事废旧产品回收。2003年初,欧盟正式颁布了《报废电子电器设备指令》,我国也颁布了《废旧家电及电子产品回收处理管理条例》。生产者在这样的压力下,需慎重考虑建立自己经营的废旧产品回收体系。20世纪60年代至90年代,我国建立了健全的逆向物流体系,废旧产品集中到收购站进行加工、挑选、分类、打包,运往工厂生产新的产品,这段时间是我国逆向物流快速发展的时期。生产者在这种政策环境下,应充分利用政府提供的回收网络,依附于政府的废旧产品回收体系进行产品回收。为了增强企业从事废旧产品回收业务的积极性,政府对废旧产品回收处理企业进行政策性补贴。在这样的政策环境下,会有越来越多的第三方物流企业投入到废旧产品回收行业中,生产者就有充分的机会考虑将这些非核心业务外包出去,这样不仅树立了企业的良好形象,也能使生产者专心发展核心竞争力。

(3) 管理因素。

管理贯穿于企业经营活动的全过程,上至企业高层下至一线员工都与管理相关。企业能否成功运营同企业的管理有密切的关系,管理因素是衡量一个企业潜力与价值的重要方面。对生产者来说,如何选择适合自己的废旧产品回收模式同样与企业的管理因素相关。主要考虑的管理因素包括设备管理能力、人员沟通能力和信息管理能力。设备管理是指生产者对逆向物流专业化设备的管理,包括采购、维修和保养。专业化设备是逆向物流中废旧产品回收处理的重要保障,对其需要进行有效的管理。人员沟通能力是企业日常活动得以有效进行的基础,顺畅的沟通可以大大提高员工的工作效率。信息管理是指生产者对废旧产品回收系统中所涉及的物品流动信息、资金流动信息、物品可利用价值信息等进行的管理。企业应有效地对信息进行管理,保证信息在逆向物流系统中的顺畅流动。在这方面,管理能力较强的生产者适合选择自营模式,因为企业有能力对废旧产品回收系统中的各项活动进行有效管理;管理能力一般的生产者适合选择联营模式,通过优势互补达到企业资源的优化配置;管理能力较弱的生产者则只能选择外包模式,利用别人的专业化优势实施废旧产品回收。

(4) 技术因素。

企业从事逆向物流活动,技术是关键因素之一。专业的分类、检测、拆卸和报废处理设备,专业的逆向物流技术人才,是企业回收处理废旧产品所需要的技术因素。另外,市场上有能提供专业废旧产品回收服务的第三方物流企业也是一种技术因素。市场上有这些专门的逆向物流设备、专业的技术人才,生产者有条件拥有这些资源,那么仅从技术因素上讲,技术力量雄厚的生产者就具备选择自营模式的条件,可以考虑选择自营模式。市场上有提供专业逆向物流服务的第三方物流企业,生产者在模式选择上就多了两个选项,即联营和外包。对于本身技术力量薄弱的生产者来说,废旧产品回收的联营和外包模式是其合适的选择。

4.2.2 再制造拆解管理

1. 再制造拆解的基本概念

再制造拆解是将废旧产品及其部件有规律地按照顺序分解成零部件,并保证在执行过程中最大化预防零部件性能进一步损坏的过程。再制造拆解是实现高效回收策略的重要手段,是再制造过程中的重要工序,也是保证再制造产品质量及其实现资源利用最大化的关键步骤。废旧产品只有拆解后才能实现完全的材料回收,并且有可能实现零部件的再利用和再制造。科学的再制造拆解工艺能够有效地保证再制造零部件质量性能、几何精度,并显著减少再制造周期,降低再制造费用,提高再制造产品质量。再制造拆解作为实现有效再制造的重要手段,不仅有助于零部件的重新利用和再制造,而且有助于材料再生利用,实现废旧产品的高品质回收策略。

废旧产品经再制造拆解后的零部件,对其进行清洗检测后,一般可分为3类:①可直接利用的零部件,经过清洗检测后不需要再制造加工可直接在再制造装配中应用;②可再制造的零部件,可通过再制造加工后达到再制造装配质量标准;③报废件,无法直接再利用和进行再制造,需要进行材料再循环处理或者其他无害化处理。

2. 再制造拆解的特点

拆解作为实现有效回收策略的重要手段,不仅有助于实现材料的回收,而且有助于零部件的重新利用和再制造。最初,面向拆解的回收设计是借鉴面向装配设计的思想,将拆解作为装配的逆过程来处理的。但是随着研究的深入,逐渐发现两者之间存在许多不同之处,见表4.1。

表 4.1 拆解与装配的比较

因素	拆解	装配
分析目标	不唯一	唯一
分析中考虑其他问题	很多	多
敛散性	发散的	收敛的
生产环境	动态受限的	动态受限的
应用阶段的范围	维修、回收阶段	生产制造阶段
设计准则	面向拆解的设计	面向装配的设计
物流流向	逆向	正向
现有的分析工具	基本没有	较多
分析前产品状况	不确定	确定
生产方式	以手工拆解为主	自动化流水线
工艺描述方法	缺乏合适的描述方法	基本成熟
复杂性	非常复杂	复杂

3. 再制造拆解工艺方法

再制造过程中的零部件拆解过程直接关系到产品的再制造质量,是再制造过程中非常重要的工艺步骤。再制造拆解工艺方法可分为击卸法、拉卸法、压卸法、温差法及破坏性拆解法。在拆解过程中应根据实际情况选用不同的拆解方法。

(1)击卸法。

击卸法是利用锤子或其他重物在敲击或撞击零部件时产生的冲击能量把零部件拆解分离,是最常用的一种拆解方法。它具有使用工具简单、操作灵活方便、不需特殊工具与设备、适用范围广等优点,但击卸法常会造成零部件损伤或破坏。

(2)拉卸法。

拉卸法是使用专用顶拔器把零部件拆解下来的一种静力拆解方法。它具有拆解件不受冲击力、拆解较安全、零部件不易被损坏等优点,但需要制作专用拉具。该方法适用于拆解精度要求较高、不许敲击或无法敲击的零部件。

(3)压卸法。

压卸法是利用手压机、油压机进行的一种静力拆卸方法,适用于拆卸形状简单的过盈配合件。

(4)温差法。

温差法是利用材料热胀冷缩的性能。加热包容件,使配合件在温差条件下失去过盈,从而实现拆解,常用于拆卸尺寸较大的零部件和热装的零部件。例如,液压压力机或千斤顶等设备中尺寸较大、配合过盈量较大、精度较高的配合件或无法用击卸、压卸等方法拆解时,可用温差法拆解。

(5)破坏性拆卸法。

在拆解焊接、铆接等固定连接件,或轴与套已互相咬死,或为保存核心价值件而必须破坏低价值件时,可采用车、锯、錾、钻、割等方法进行破坏性拆解。这种拆解往往需要注意保证核心价值件或主体部位不受损坏,而对其附件则可采用破坏性方法拆离。

4. 再制造拆解技术的发展趋势

(1)再制造拆解设计技术。

在产品设计过程中加强可再制造拆解性能设计,能够显著提高废旧产品再制造时的拆解能力,提高其可再制造性。因此,要加强产品设计过程中再制造拆解性能设计技术研究,提高废旧产品的可拆解性。例如,再制造的拆解要求能够尽可能保证产品零部件完整,并要求减少产品接头的数量和类型,减少产品的拆解深入,避免使用永固性的接头,考虑接头的拆解时间和效率等。但卡式接头、模块化零部件、插入式接头等产品虽有利于拆解,但也容易造成拆解中对零部件的损坏,增加再制造费用。因此,在进行易于拆卸的产品设计时,要对产品的再制造性影响进行综合考虑。图4.7为废旧汽车发动机零部件的无损拆解。

图 4.7　废旧汽车发动机零部件的无损拆解

(2) 虚拟再制造拆解技术。

虚拟再制造拆解技术是虚拟再制造的重要内容,是实际再制造拆解过程在计算机上的本质实现。虚拟再制造拆解技术指采用计算机仿真与虚拟现实技术,实现再制造产品的虚拟拆装,为现实的再制造拆装提供可靠的拆装序列指导;需要研究建立虚拟环境及虚拟再制造拆装中人机协同求解模型,建立基于真实动感的典型再制造产品的虚拟拆装仿真;研究数学方法和物理方法相互融合的虚拟拆装技术,实现对再制造拆装中的几何参量、机械参量和物力参量的动态模拟拆装。

(3) 清洁再制造拆装技术。

在传统的拆装过程中,由于拆解过程的不精确,导致拆装工作效率低、能耗高、费用高、污染大。因此,需要研究选用清洁生产技术及理念,制订清洁拆装生产方案,实现清洁拆装过程中的"节能、降耗、减污、增效"的目标。清洁拆装方案的制订需要研究拆装管理与生产过程控制,加强工艺革新和技术进步,实现最佳清洁拆装程序,提高最大化拆装水平;研究在不同再制造方式下,废旧产品的拆装序列、拆装模型的生产及智能控制,形成精确化拆装方案,减少拆装过程的环境污染和能源消耗;加强拆装过程中的物流循环利用和废物回收利用。

4.3 再制造生产管理

4.3.1 再制造管理的基本概念

再制造管理指以废旧产品的再制造为对象,以产品(零部件)循环升级使用为目的,以再制造技术为手段,对产品多寿命周期中的再制造全过程进行科学管理的活动。再制造活动位于产品全寿命周期中的各个阶段,对其进行科学管理能够显著提高产品的利用率,缩短生产周期,满足个性化需求,降低生产成本,减少废物排放量。再制造在产品全寿命周期中的作用,如图4.8所示。

根据再制造的时间和地点,可将再制造分为再制造性设计、废旧产品回收、再制造生产及再制造产品使用4个阶段。再制造性设计阶段,指在新产品设计过程中对产品的再制造性进行设计、分配,以保证产品具有良好的再制造能力;废旧产品回收阶段,即逆向物流,指将废旧产品回收到再制造工厂的阶段;再制造生产阶段,指对废旧产品进行再制造,加工生产再制造产品的阶段;再制造产品使用阶段,指再制造产品的销售、使用直至报废的阶段。再制造管理主要对这 4 个阶段的再制造活动进行系统管理。

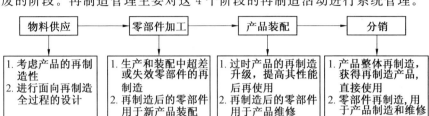

图 4.8 再制造在产品全寿命周期中的作用

4.3.2 再制造管理的主要内容

1. 再制造各阶段的管理

再制造包括前述 4 个阶段,每个阶段的管理又根据地点、时间的不同而相对独立,对其进行科学的管理,关系到再制造各个环节的正常运行。

(1) 回收阶段的管理。

回收阶段的管理主要指废旧产品从用户流至再制造工厂的过程。国外将此过程称为逆向物流。我国将这个过程称为废品回收,主要是指对生活垃圾的回收,对其中有用的材料,也仅采用回收材料的形式,该形式是一种材料循环形式,而再制造可以实现产品再循环。此阶段的管理主要是针对具有较高附加价值的废旧产品进行回收、分类、仓储、运输到再制造厂整个过程的管理,包括废旧产品标准、回收体系、运输方式、仓储条件、废旧产品包装、分类等的管理。其主要目的是建立完善的逆向后勤体系,降低回收成本,保证具有一定品质的废旧产品能够及时、定量地回收到再制造厂,并保证再制造加工所需废旧品的质量和数量。对该阶段的管理,可以显著降低再制造企业的成本,保证产品质量。

(2) 生产阶段的管理。

生产阶段的管理包括对再制造企业内部的生产设备、技术工艺、操作人员及生产过程进行管理,以保证再制造产品的质量。此阶段是废旧产品生成再制造产品阶段,对再制造产品的市场竞争力、质量、成本等具有关键的影响作用,尤其是对高新再制造技术的正确使用决策,可以决定产品的质量和性能。该阶段的管理是整个再制造管理的核心部分。

(3) 使用阶段的管理。

使用阶段的管理包括对再制造产品的销售、售后服务、再制造产品消费者信息等进行的管理。再制造产品不同于原型产品,是产品经过性能提升后的高级形式,但在再制造理念还没有得到广泛推广时,普通消费者心理上认为其仍属于旧产品,因而对其销售活动应该建立在一定的消费者心理研究基础上,采用特定的销售管理方法,使再制造理念得到广泛推广。另外,再制造产品的分配渠道也不完全等同于原型产品,需要建立相应的销售渠道。该阶段的管理是再制造产业经济价值和环境价值的体现。

(4) 再制造性的管理。

再制造性作为一个独立于某类废旧产品再制造全过程之外、立足于产品设计阶段的体系,主要包括对产品再制造性的设计、分配、评价及验证等内容。对再制造性的管理可以直接影响到产品再制造能力的大小,影响到再制造产品的综合效益。在产品设计阶段进行再制造性的管理,需要综合考虑产品的性能要求及环境要求,对产品末端处理的再制造能力进行设计,包括设定产品的再制造性指标,确定再制造性指标的分配方法,明确再制造性评价及验证体系。

2. 再制造管理的技术单元

(1) 技术管理。

再制造是以废旧产品作为加工的毛坯,其技术要求高于制造产品,是一个高科技的产业,对其进行技术管理具有重要的意义。其技术包括物流技术、制造技术、修复技术、升级技术、信息技术、管理技术、清洗、检测等,对其进行正确的管理,有助于建立科学的再制造流程,获取最佳的再制造工艺。

(2) 质量管理。

质量管理应贯穿于再制造的全过程,包括再制造回收毛坯质量,废旧产品拆解分类及检测,再制造加工的质量控制,产品包装、销售及售后服务等,整个质量控制体系关系到再制造产业的经济效益和社会效益。总体来讲,质量管理应包括质量规划、质量检测、流程控制、各类产品的质量标准及与国际接轨的再制造规范的制定等。

(3) 信息管理。

再制造是一个信息高度集中的产业,具有显著特点。原型产品制造时所使用的原料具有明确的计划性,而再制造所需毛坯的来源依靠于各个逆向物流系统中所回收产品的数量和质量,与各个地区的废旧产品的废弃量有很大关系,形成了其特殊性。而不同地区间的信息管理能够实现产品以最有效的方式及时、定量地到达再制造工厂,并采用最优化的再制造方式,保证产品的质量和尽量短的周期。信息管理主要包括产品的再制造性数据、废旧产品数量及质量预测数据、废旧产品供应链数据、加工过程信息、再制造产业需求信息、再制造对设计过程的反馈信息。对这些数据进行处理,提取其中的有效信息,不但关系到再制造产业的良性发展,而且能够对产品的设计提供有益的帮助。

4.3.3 再制造生产计划

1. 再制造生产计划

生产计划是根据市场的需求和企业的生产能力,对一个制造系统中产出品种、产出速度、产出时间、劳动力和设备配置及库存等问题做预先的考虑与安排。生产计划从需求预测和消费者订单处理开始,安排资源准备计划,负责指导企业组织生产,下达生产任务,并根据市场需求的变化和生产过程的反馈信息实时地调整计划。生产计划不仅指挥和协调企业内部的精细分工和严密协作,而且指导企业如何与供应链上的其他节点企业协作。生产计划的优劣在很大程度上决定了企业各项资源的利用效率。

再制造生产是以废旧产品作为生产的主要原料,而废旧产品的供应明显区别于制造企业所需原料的供应,其具有数量、质量、时间的不确定性,对再制造生产计划造成了直接影响。再制造生产计划分为以下 5 个层次。

(1)综合生产计划。

综合生产计划的任务是根据毛坯回收数量与质量、市场需求和企业资源能力,确定企业年度生产再制造产品的品种和产量。通常可以采用数理规划的方法制订综合生产计划。

(2)主控进度生产计划。

主控进度生产计划即最终再制造产品的进度计划,是根据综合生产计划、市场需求和再制造企业资源能力而确定的。可以采用数理规划的方法制订主控进度生产计划,只是此时的优化目标是企业生产资源的充分利用。

(3)物料需求计划。

物料需求计划将最终的产品进度计划转化为零部件的进度计划和原材料的订货计划。物料需求计划明显受废旧产品供应的数量、质量和时间的影响。

(4)能力计划。

确定满足物料需求计划所需要的人力、设备和其他资源。

(5)废旧产品供应计划。

通过科学预测和评估,确定一定时期内用于再制造的废旧产品所供应的数量及质量,对综合生产计划、主控进度生产计划和物料需求计划进行修订。

2. 再制造生产计划的影响因素

在再制造过程中,由于废旧产品回收时间、回收质量、回收数量、拆卸过程等均存在不确定性,使得传统的生产计划与控制方法不能满足再制造生产过程的要求。同时,由于产品回收的时间和数量、拆卸零部件的质量等诸多不确定性因素,使得制订再制造生产计划的复杂性大大增加,所以需要对影响再制造生产计划的因素进行具体分析。

(1) 产品回收的不确定性。

在制订再制造的综合生产计划时,不仅需要市场需求的信息(包括短期市场预测和消费者订单),还需要产品回收数量的信息。由于产品回收的时间和数量受到很多因素的影响,如产品使用状况、技术更新的速度、销售状况等,使得回收时间和数量存在很大的不确定性。这种不确定性导致对产品回收进行预测的困难,从而很难保证回收预测的精度。废旧产品回收的不确定性比传统采购过程的订货提前期的不确定性要大。因此,如果对产品回收预测存在误差,将使综合生产计划与实际情况偏离较大,并使后续的一系列计划都不准确。

(2) 回收与需求的不平衡。

由于产品回收数量的不确定性,使得再制造产品与市场需求之间很容易出现不平衡。当再制造产品与其需求不平衡时,会带来两类问题:当供大于求时,使再制造产品的库存增加,产成品库存成本上升;当供不应求时,则不能及时满足消费者的需要,给再制造厂商带来机会损失。为了利润最大化,再制造厂商必须考虑回收和需求之间的平衡,在权衡库存成本和缺货成本的基础上编制合理的生产计划。

(3) 零部件拆卸的不确定性。

拆卸是再制造过程中非常关键的一道工序。由于回收产品的使用状况不同,其磨损程度差别很大,这种不确定性使拆卸工序的难度增大,对于结构复杂的产品尤其如此。因此,制订一个合理的拆卸计划是再制造生产计划中的一个重要环节。

由于受到不确定性的影响,拆卸计划与装配计划有很大不同。在装配计划中,由于有确定的设计文件,装配工艺流程的标准化作业程度要高,最终的装配结果是确定的;而在拆卸计划中,拆卸工艺流程的标准化作业程度要低,最终的拆卸结果是未知的。在装配过程中,零部件的状况是确定的,但在编制拆卸计划时,必须充分考虑到零部件使用和磨损的状况。装配过程是依据物料清单将各零部件进行确定,组装在一起,而拆卸过程是将各零部件依据反拆卸要求进行不确定性分拆,并可能使用破坏性的拆卸方法。因此,由于上述特点,拆卸过程不是装配的简单的逆向过程,在编制拆卸计划时,必须充分考虑拆卸过程的特点。

(4) 可再制造率的不确定性。

由于回收产品的使用状况不同,即使使用时间相同的同种回收产品,其拆卸后得到的零部件的质量特性往往是不同的。可以使用可再制造率衡量回收产品中可用零部件所占的比例。在制订再制造的生产计划时,不仅需要预测产品回收数量,还要统计测算回收产品的可再制造率。由于回收产品的使用状况不同,其可再制造率存在很大的不确定性。对可再制造率估计的准确性会影响再制造的物料需求计划和采购计划。当对可再制造率估计偏高时,将使制订的采购计划小于实际的物料需求,从而不能满足主生产计划的要求。当对可再制造率估计偏低时,将使制订的采购计划大于实际的物料需求,会产生多余的物料库存积压,增加不必要的库存成本。

(5) 再制造时间的不确定性。

由于回收零部件的使用状况不同,在进行再制造时需要采用不同的工艺流程,因此,再制造所需时间会存在很大的差别。这种不确定性会使对物料需求计划提前期的估计变得非常困难,进而影响到采购计划和车间作业计划。物料需求计划中的提前期是以交货或完工日期为基准,倒推到加工或采购开始日期的这段时间,主要包括采购提前期、生产准备提前期、加工提前期、装配提前期、总提前期等。在再制造过程中,由于前述的不确定性因素,使得对采购提前期、生产准备提前期、加工提前期、装配提前期的确定都非常困难。如果提前期设置不合理,会使相应的采购计划和车间作业计划的制订缺少一个正确的基础,并对整个再制造过程的生产计划产生很大的影响。

4.3.4 再制造仓储管理

1. 再制造仓储的分类

再制造仓储可按以下两个方面进行分类。

(1) 按货物所处状态分类。

① 静态仓储。静态仓储为人们一般认识意义的仓储概念。它是长期或短暂处于储存状态的仓储,如图 4.9 所示。

② 动态仓储。动态仓储包括再制造加工状态和运输状态的仓储,如图 4.10 所示。

图 4.9 静态仓储

图 4.10 动态仓储

(2)按货物的形态分类。

①回收废旧产品的仓储。

②经检测可直接使用零部件和补充新零部件的仓储。

③再制造加工后零部件的仓储。

④再制造产品的仓储。

2. 再制造仓储的研究内容

产品回收之后,仓储管理是十分复杂的,既要考虑外购原材料和产成品仓储、在制零部件的临时仓储,又要考虑回收品的仓储、拆解过程中的仓储及再制造生产的产成品仓储,如图 4.11 所示。同时,还要考虑回收品的回收率、质量和及时性对仓储的影响,因为生产者对此没有控制能力。如何将再制造过程中的静态和动态仓储集成起来是急需解决的问题。

对再制造仓储的研究工作主要有以下几个方面。

①建立能够对原材料需求提供可视的系统和模型。
②建立再制造的批量模型,能够明确地考虑原材料匹配限制和策略。
③研究再制造对物料需求计划使用的影响问题。
④在考虑产品独立返回率的情况下,建立仓储/生产的联合模型。
⑤建立能明确考虑返回产品的大批量仓储模型。

图 4.11　再制造仓储在产品全寿命周期中的作用

3.加强再制造仓储管理的意义

仓储是再制造企业的一项巨大的投资,其目的是支持连续不断的运转和满足消费者的需求。良好的仓储管理能够加快企业资金使用效率、周转速度,增加投资收益,同时,提高物流系统效率,增强企业竞争力。

仓储的经济意义在于支持生产,提供货物和满足消费者需求。加强再制造仓储管理有以下意义:①平衡供求关系。由于回收品到达的数量、质量和时间的不确定,以及消费者对再制造产品的需求的不确定,需要通过仓储以缓冲对回收品和再制造产品的供求不平衡。②实现再制造企业规模经济。再制造企业如果要实现大规模生产和经营活动,必须具备废旧产品回收、再制造加工、再制造产品的销售等系统,为使这一系统有效运作,拥有适当的仓储是十分必要的。③帮助逆向物流系统合理化。再制造企业在建立仓储时,为了考虑物流各环节的费用,尽量合理选择有利地址,减少"再制造毛坯"至仓库和产成品从仓库至消费者的运输费用,这样不仅节约费用,还可以大大节省时间。

4.4　再制造产品的售后服务

以优质、高效、节能、节材、环保为准则,以有剩余寿命的报废设备及其零部件作为再制造毛坯,采用先进再制造技术,对报废设备及其零部件进行批量化修复、改造及性能升级而制造出的产品称为再制造产品。与原型产品相比,再制造产品节约成本50%、节能60%、节材70%,对环境的不良影响与制造原型产品相比显著降低,且再制造产品的性能和质量不低于甚至要超过原型产品。

再制造产品的销售面临的一个挑战是由于再制造产品中包含已服役过的零部件,尽管再制造产品属于绿色产品,再制造产品的质量达到甚至超过原型产品,但是消费者对其仍然存在相当大的疑惑,认为再制造产品就是"翻新产品""二手产品"。面临的另一个挑战是如何发展与消费者的关系,确保再制造产品在不被消费者使用时能够及时得到回收。传统的商业模式将产品投放市场后很少考虑或根本不考虑它们的产品寿命终止后的回收问题,将退役产品逆向回收到制造企业违反一般的商业逻辑,因此,企业在为再制造产品选择销售渠道时,应综合考虑销售渠道与产品的逆向物流回收计划。某些产品的再制造具有十分显著的社会效益和生态效益,其潜在的综合效益的实现有赖于消费者对其再制造产品的认同并购买,国外再制造产业之所以能够发展得如此迅速,最重要的一个原因是公众的高度参与性和良好的售后服务。

4.4.1 产品售后服务模式

产品销售是产品质量的竞争,更是人的智力、创新、服务的竞争。在市场经济条件下越来越多的企业为了保持和扩大市场占有率,增强竞争力,树立良好的企业形象,都把改善和提高售后服务作为产品整体营销的一个重要组成部分。产品售后服务的主要模式有以下几种。

1. 一站式服务

一站式服务是指为了提高效率,在某个指定地点同时完成以往需要多个地点多次完成的服务。一站式服务能够为消费者提供非常方便、快捷的服务,同时能够大大提高工作效率,对企业、消费者、社会都有非常深刻的意义。一站式服务以消费者需求为出发点,把企业的各个职能整合在一起,通过统一的入口为公众、消费者提供服务。

2. 保姆式服务

保姆式服务是服务理念的一种创新模式,该服务模式以赋予产品人性化概念为核心,建立以人为本,集售前、售中、售后服务为一体的立体式服务,贯穿产品流动的全过程。实现服务工作的3个转变——变被动为主动、变管理为服务、变主人为保姆,让每一位消费者都感受到体贴入微、细致周到的真情服务。

3. 呼叫中心

呼叫中心是一些企业为服务用户而设立的。在20世纪80年代,欧美国家的电信企业、航空公司、商业银行等为了密切地联系用户,利用计算机和电话作为与用户交互联系的媒体,设立了呼叫中心,实际上就是为服用户建立的服务中心。早期的呼叫中心,主要是起咨询服务的作用。现代的呼叫中心是一个完整的综合信息服务系统,利用现有的各种先进的通信手段,为消费者提供高质量、高效率、全方位的服务。呼叫中心不仅仅为外部用户服务,也为整个企业内部的管理、服务、调度、增值起到非常重要的统一协调作用。

4. 自助服务

自助服务是指制造业企业通过部署自助服务支撑平台,让用户能够在自助服务平台或终端获得服务,包括自助产品故障诊断、自助式产品培训、自助式产品销售、自助式交易等服务形式,从而为用户提供 24 小时不间断服务的可能。从制造业企业的角度来看,自助服务能够为企业大大降低人力成本,并且还能够提供不间断的服务,为企业创造价值提供更大的空间。

4.4.2 再制造产品销售服务的主要内容

再制造产品的销售服务对再制造企业具有举足轻重的作用,面对日益激烈的市场竞争,再制造企业必须增强销售服务意识,用优良的销售服务赢得消费者,占领市场。销售服务在再制造企业中占有比其原型产品制造企业更为突出的重要地位。通过销售服务和与用户直接沟通,可以了解用户对再制造产品生产、销售、售后服务的意见,达到持续改进产品的目的。

再制造企业不仅要对消费者现有信息进行处理,还要对消费者未来需求进行预测,挖掘潜在消费者。再制造企业在向用户提供售后服务的同时应与消费者进行沟通,掌握最新的消费者信息,为消费者关系管理提供依据。

再制造产品的销售服务一般包括售前服务和售后服务两个基本环节。

1. 售前服务

对再制造产品来说,单纯的售后服务已满足不了市场经济的要求,而应将其延伸至市场调研、产品性能升级、质量控制等环节的售前服务。通过售前服务,再制造企业可以了解消费者和竞争对手的情况,并对技术上已过时的产品进行必要的技术升级和改造,制订适当的促销策略,达到事半功倍的效果。通过开展售前服务,还可以加强再制造企业与消费者之间的了解,为消费者购买产品创造条件。

狭义的售前服务是指企业从产品生产到销售给消费者期间所提供的服务。广义的售前服务则是指企业在产品销售给消费者之前所进行的一切活动。

对再制造产品的售前服务,包括以下几个方面。

(1) 做好市场调研。

市场调研是为了更好地制订再制造产品销售策略而进行的系统的数据收集、分类和分析。再制造产品的销售市场调研是在再制造产品销售的整个领域中的一个重要元素。它把再制造商、消费者、环保机构和公众通过信息联系起来,进行定义、识别市场机会,分析可能出现的问题,制订、优化营销组合并评估其效果。

再制造企业是靠提供消费者满意的商品或服务来获取收益的。再制造产品销售的市场调研不仅包括传统的定量调研、定性调研、媒体和广告调研,更重要的是对消费者满意度的调研。全球竞争日益激烈、消费者权益保护意识的兴起、平均利润的降低均对再制造企业的生存提出了严峻的挑战,因而企业关注的重点应当在努力追求消费者满意上。企业关注的另一个重点是国家的环保政策、环保标准等。

市场调研应当实现以下目标。

① 了解消费者要求和期望。

② 制订服务标准。

③ 衡量消费者满意度。

④ 识别产业发展趋势。

⑤ 与原型产品销售相比较。

调查的对象是再制造产品的消费群体、环保机构、相关再制造业、流通企业及社会中介等。

(2) 重视产品的性能升级。

尽管在再制造模式下,再制造产品均要求必须能完成某一功能,但大多数的产品也要求具备一些其他的价值。例如,对一辆小汽车来说,它不仅要求具备运输功能,还要求节省油料,废弃排放量达标,而且符合大众审美,并能体现出驾驶者的身份和地位。为此产品必须进行相应的技术改造和技术升级,以使其比原型产品具有更多的优点。

(3) 完善生产管理,保证产品质量。

确保再制造产品的高质量是再制造企业进行有效市场竞争的根本所在。要做到这一点,企业必须树立全面质量观,全面推行贯彻质量管理体系。再制造企业中,在推行与原型产品相同的质量认证体系的基础上,应根据再制造的特点制订更严格的规范。

(4) 提供详细、明确的产品说明书。

产品说明书是再制造企业向消费者提供的有关产品的详细资料,是消费者购买商品的重要依据,也是安装、调试、维护、保养等在使用过程中的指导文件。

(5)提供咨询服务。

再制造企业要运用各种专业知识为消费者提供咨询服务,包括业务咨询服务和技术咨询服务。业务咨询服务要根据消费者选购产品时的各种要求,向其介绍本企业的各种业务情况,解答消费者提出的各种问题。技术咨询服务是指详细介绍产品质量、性能情况、主要技术参数、生产过程、检测手段、能耗等技术经济指标以及向消费者提供样品和目录。

(6)有效地运用广告宣传。

再制造企业在进行产品销售之前应将企业及产品的信息传递给消费者,主观上起到扩大消费者选择范围、服务消费者的作用。因此,信息传递是企业售前服务的主要内容,而广告宣传则是进行信息传递最有效的手段。通过宣传让消费者认识到再制造产品具有高质量是十分必要的。宣传要集中在使消费者增加对再制造产品本身及其质量的了解,此外,还应强调再制造产品的价格优势及其环保效益。

2. 售后服务

实践证明,市场经济条件下企业的竞争取决于产品性能、质量、价格和服务。再制造企业的售后服务工作已成为其参与市场竞争的一个重要砝码。

对再制造产品的售后服务,包括以下内容。

(1)向消费者提供技术资料。

产品技术资料一般采用说明书的形式,向消费者阐述再制造产品的构成、功能、使用方法、使用条件、保存方法和注意事项等,以便消费者能快速、全面地熟悉并使用产品。

(2)向消费者提供技术培训。

再制造企业应视情况为消费者提供一定的使用和维修技术培训,使消费者能正确地使用产品并解决产品在使用过程中出现的非专业性问题。

(3)向用户提供零配件。

再制造企业应根据用户的需要在各地设立零配件供应点,以便用户能在产品局部受损的情况下及时更换、恢复产品的使用性能。

(4)向用户提供维修服务和现场技术服务。

再制造企业应根据再制造产品销售规模的大小建立维修服务网络,包括建立维修服务中心、维修服务站或维修服务网点,解决产品在使用过程中所出现的各种质量或非质量问题。若条件允许,可组织专业人员为用户提供现场技术服务。

(5)处理产品使用中出现的质量问题。

再制造企业所提供的合格产品也会有少部分存在质量问题,而这一部分产品会给消费者造成损失。企业应根据质量问题的大小和消费者的要求给予修复、折价、换货或退货等。

(6)建立用户反馈系统。

再制造产品售出后,再制造企业应建立一个包括电话、信件、函件、电子邮件及直接联系的多渠道反馈系统。及时、全面地了解消费者对其购买产品的整体评价,产品在使用过程中的缺陷和实际质量水平,积极听取用户对产品及服务的改进意见和潜在需求。

(7)售后访问消费者。

再制造企业应在产品售出后,定期访问消费者,了解售出产品的使用状况,听取消费者对产品的质量评价和改进建议,了解和帮助消费者解决产品存在的问题。

售前服务和售后服务并不是绝对分开的,售前服务和售后服务二者缺一不可,它们构成了一个良性循环。售前服务必须有良好的售后服务做补充,售后服务也可以转化为售前服务。在进行售后服务的过程中,企业可以发现消费者有哪些需求,这就构成了售前服务的开始,如再制造企业开展必要的技术升级,加强产品在线质量监控。

综上所述,企业应强化再制造产品的销售服务,既包括售前服务,也包括售后服务,把销售服务看作关系再制造企业生产与发展的大事。

4.4.3 售后服务的重要性

1. 售后服务是买方市场条件下企业参与市场竞争的尖锐利器

随着科学技术的飞速发展,几乎所有行业都出现了生产能力过剩,任何企业都面临着众多强劲的竞争对手。成熟产品在功能与品质上极为接近,质量本身的差异性越来越小,价格大战已使许多企业精疲力竭,款式、包装、品牌、售后服务等方面的差异性成为企业确立市场地位和赢得竞争优势的尖锐利器。

2. 售后服务是保护消费者权益的最后防线

向消费者提供经济、实用、安全、可靠的优质产品是企业生存和发展的前提条件。虽然科技发展使得产品质量越来越高,但是做到万无一失目前尚无良策。有效地处理消费者投诉、及时补救失误等售后服务措施成为保护消费者权益的最有效途径。美国学者的研究表明,如果投诉没有得到企业的重视,2/3 的消费者会转向该企业的竞争对手处发生购买行为;如果投诉最终得到了解决,大约70%的消费者会继续光顾该企业;如果投诉得到妥善、及时的解决,消费者比例会显著上升。可以说,售后服务是保护消费者权益的最后防线,是解决企业失误或消费者投诉的重要补救策略。

3. 售后服务是保持消费者满意度、忠诚度的有效举措

消费者对产品利益的追求包括功能性和非功能性两个方面,前者更多地体现了消费者在物质方面的需要,后者则更多地体现消费者在精神、情感等方面需要,如宽松、优雅的环境,和谐、完善的过程,及时、周到的服务等。随着社会经济的发展和人民收入水平的提高,消费者对产品非功能性利益越来越重视,在很多情况下甚至超越了对功能性利益的关注。在现代社会,企业要想长期盈利,走向强盛,就要赢得永久消费者,保持消费者忠诚度,提高消费者满意度。在实施这一举措过程中,满意的售后服务便是企业成功的法宝之一。

4. 售后服务是科技发展的必然要求

随着高科技产品的不断增多,并逐步进入民用化,这在客观上就要求企业应为消费者提供更多的应用服务支持而不仅仅局限于售后服务,如改售后服务为售前培训及科学引导等,将使用失误消灭在萌芽状态中等。在现代营销环境条件下,没有服务就没有营销,这已经是不争的事实,关键是工商企业应不断提升售后服务质量,充实售后服务内容,完善售后服务程序,规范售后服务管理,坚持服务创新,将传统的单纯售后服务转向"整体服务流程"时保持特色服务,严格进行服务质量监控,以优良的服务取得市场竞争优势。

4.5 再制造产业发展中存在的问题及应对策略

4.5.1 我国再制造产业发展中存在的问题

1. 产业体系不完整,产业政策不健全

一套完整的产业体系包括从技术标准、生产工艺、产品门类、加工设备到废旧产品回收、再制造产品销售和售后服务的各个方面。我国再制造领域中的技术标准、废旧产品回收网络、再制造产品销售体系等方面并不完善,产业体系也很不完整。

再制造产业政策缺失的突出表现是缺乏技术标准支持,技术标准是产业发展的游戏规则。目前我国在再制造领域有两项关键标准,即报废标准和产品质量标准,但还没有国家标准,这在源头上阻止了再制造业务的开展。同时,现行产业政策在很大程度上束缚了再制造产业的发展。

2. 再制造行业共性技术尚未普及

行业共性技术是产业赖以生存和发展的技术基础。再制造产业存在共性技术,这些共性技术在欧美等发达国家已经普及和应用。然而在我国,由于企业规模偏小,企业之间又存在竞争关系,因此,共性技术尚不存在共享机制,不少共性技术尚未得到开发和应用,以至于出现共性技术研究开发缺失的状况,导致试图进入再制造领域的国内企业缺乏先进技术支持而面临很高的技术壁垒。

3. 再制造产品质量标准体系不完善

再制造产业要想获得良性发展,制定再制造的行业统一标准,走向规范化的标准体系,是必不可少的环节。缺乏统一的再制造标准,对再制造标准的推广应用造成了相当大的不良影响。2008年,我国"全国绿色制造标准化技术委员会再制造分技术委员会"成立。2012年,《再制造 术语》(GB/T 28619—2012)、《机械产品再制造 通用技术要求》(GB/T 28618—2012)等国家标准开始实施,尽管这些标准的实施在一定程度上促进了再制造质量标准体系的进步,但与我国再制造发展相比,这些质量标准体系仍不完善,不能满足再制造产业实践的巨大需求。

4. 当前消费者对再制造产品缺乏了解,认可度不高

目前制约国内再制造快速发展的一大困难就是消费者对再制造产品的认知度不够,国内相当一部分消费者将再制造产品与废旧产品翻新的概念混为一谈,对再制造产品的质量可靠性存在质疑。在美国,目前高速公路上行驶的每10辆汽车中就有1辆使用的是再制造发动机。在我国,再制造真正进入大众视野还是在近几年才发生的事情。确切地说,中国消费者对再制造产品还是陌生的,所以认识上产生误区、对再制造产品的质量可靠性存在疑虑在所难免。

5. 再制造企业税收负担较重,缺乏税收支持

目前,再制造企业增值税中的销项税额难以抵销,成为抑制再制造产业发展的一个重要因素。

4.5.2 加快我国再制造产业发展的策略

1. 完善法律体系,坚持法制管理

(1)逐步建立具有中国特色的废旧机电产品资源化的法律体系;颁布《中华人民共和国资源综合利用法》《再生资源回收管理办法》等与废旧汽

车、电子电器、农用拖拉机等产品资源化有关的单项法规。

(2)统一有关汽车的各项规章制度。建立与交通安全、环保、资源利用相适应的汽车报废回收拆解管理制度,在国内已实施的《汽车零部件再制造试点管理办法》基础上,共同考虑再制造汽车零部件及其坯件合理流通,提出需制定、修改的政策法规目录,落实责任单位,修改《报废汽车回收管理办法》《禁止进口的废旧产品目录》等,对于拆解的"五大总成"可以作为再制造的毛坯交付有资质的企业来进行加工回收处理。为再制造发动机的使用者提供车辆管理中有关车辆档案(发动机号和底盘号)更改的便利。修改完善汽车报废标准和检验流程,明确强制报废和自愿报废相结合的原则。

(3)通过有关法律树立生产者延伸责任制度,促使生产者关注产品淘汰之后的再制造问题。鼓励初始制造时使用环境友好型设计、可拆卸设计和可再制造设计,提高产品的模块化和标准化,从产品设计阶段就引入能再制造的理念,充分考虑报废期的资源化问题,减少不可利用的废弃物数量,并增加再制造毛坯,提高回收率和资源化利用率。明确制造商、中间商、进口商、销售商、最终使用者对产品寿命各阶段的责任。

2. 健全产业政策,加强产业监管

(1)尽快建立质量认证及技术标准体系。

对再制造企业生产的再制造产品的质量进行检测和跟踪,确定再制造企业生产再制造品的基本标准及对再制造企业的基本要求,参照得到的数据制定相关的行业标准及再制造品质量保证体系。

(2)规范再制造市场。

目前,我国的再制造产业还不成熟,再制造市场比较混乱,一些不法厂家,如废品收购企业等可能会"以次充好",用一些简单的翻新产品代替再制造产品,利用消费者不熟悉再制造产品而非法牟利。这样不仅损害了消费者的利益,也损害了再制造品生产厂商的利益,生产厂家生产的正规再制造品可能因这些不法厂家的竞争而卖不出去,从而导致再制造生产厂家也不愿意生产高质量的再制造产品。因此,政府部门应尽快颁布相关法规,规范再制造市场,保证消费者对再制造产品有充足的知情权。

(3)强制再制造企业使用国家再制造品统一标志,普及再制造品识别知识。

2010年2月,国家发展改革委、国家工商管理总局在《关于启用并加强汽车零部件再制造产品标志管理与保护的通知》中规定,汽车零部件再制造品应该在产品外观明显处标注标志,对由于尺寸等原因无法标注的产品,应在产品包装和产品说明书中标注。

(4)进行税收改革,在消费环节进行税收上的优惠,促使消费者选购再制造产品。

3. 加强宣传,提高认识

(1)进行"绿色"营销。再制造的原材料是报废设备及其零部件,再制造过程是一个节能、节材的过程,且对环境的影响明显降低。潍柴动力(潍坊)再制造有限公司的生产统计表明,该公司从 2009 年 1 月至 2010 年 5 月,共生产再制造发动机 3 762 台,节约金属 2 174 t,减少二氧化碳排放量 2 279 t。企业在进行营销时,可以重点宣传再制造过程的环境友好性,让消费者形成一种进行再制造品消费就是绿色消费的消费理念。

(2)积极发挥政府的带头作用。政府在采购过程中,可在必要环节选用再制造产品,以政府效用带动消费者选购再制造产品。突出再制造品的价格优势。再制造品在节能、节材的同时,其售价还比原型产品低。消费者在进行再制造品消费时,不但可以保护环境,还可以节省经济开支。

本章参考文献

[1] 徐滨士. 绿色再制造工程的发展现状和未来展望[J]. 中国工程科学, 2011, 13(1): 4-10.

[2] 徐滨士. 再制造工程基础及其应用[M]. 哈尔滨:哈尔滨工业大学出版社,2005.

[3] 徐滨士. 再制造与循环经济[M]. 北京:科学出版社,2007.

[4] 徐滨士. 装备再制造工程[M]. 北京:国防工业出版社,2013.

[5] 朱胜,姚巨坤. 再制造技术与工艺[M]. 北京:机械工业出版社,2010.

[6] 谢家平,迟琳娜,梁玲. 基于产品质量内生的制造/再制造最优生产决策[J]. 管理科学学报,2012, 15(8): 12-23.

[7] 甘卫华. 逆向物流[M]. 北京:北京大学出版社,2012.

[8] 郭茂. 再制造关键问题研究[D]. 上海:上海交通大学,2002.

[9] 胡迪. 机电产品拆卸规划及拆卸设计方法研究[D]. 合肥:合肥工业大学,2012.

[10] 娄山佐,田新诚. 需求和回收品均随机的制造—再制造系统生产控制[J]. 控制与决策, 2014, 29(2): 1-7.

[11] 常香云,钟永光,王艺璇,等.促进我国汽车零部件再制造的政府低碳引导政策研究——以汽车发动机再制造为例[J].系统工程理论与实践,2013,33(11):2811-2821.

[12] 周垂日.逆向物流管理的问题研究[D].合肥:中国科学技术大学,2006.

[13] 杨雪影.再制造产品回收网络研究[D].哈尔滨:哈尔滨商业大学,2011.

[14] 王凯.再制造产品生产与销售模式研究[D].重庆:重庆大学,2011.

[15] 张红丹.中国消费者再制造产品购买意向研究[D].北京:北京交通大学,2011.

[16] 刘勇.再制造产品销售渠道策略研究[D].重庆:重庆大学,2012.

[17] 蔡达威.玉柴机器股份有限公司发动机再制造的规划与研究[D].南宁:广西大学,2009.

[18] 常香云.逆向物流的应用.我国汽车(零部件)再制造旧件回收现状及发展策略研究[R].上海:上汽教育基金会,2012.

[19] 苏明,傅志华,许文,等.碳税的中国路径[J].环境经济,2009(9):10-22.

[20] 周垂日,梁樑.考虑产品可替换的再制造产品选择决策[J].中国管理科学,2008(2):57-61.

[21] RUBIO S, COROMINAS A. Optimal manufacturing-remanufacturing policies in a lean production environment[J]. Computers & Industrial Engineering, 2008, 55(1):234-242.

[22] WANG J, ZHAO J, WANG X. Optimum policy in hybrid manufacturing/remanufacturing system[J]. Computers & Industrial Engineering, 2011, 60(3):411-419.

[23] KAYA O. Incentive and production decisions for remanufacturing operations[J]. European Journal of Operational Research, 2010(201):442-453.

[24] ZHOU S X, TAO Z J, CHAO X L. Optimal control of inventory systems with multiple types of remanufacturable products[J]. Manufacturing and Service Operations Management, 2011, 13(1):20-34.

[25] 李帮义.作为阻止战略的再制造决策研究[J].控制与决策,2010,

25(11):1675-1678.
[26] 谢家平,孔令丞. 逆向物流管理[M]. 北京:中国时代经济出版社,2008.
[27] 游金松. 废旧产品再制造逆向物流管理策略研究[D]. 武汉:武汉理工大学,2007.

第5章　再制造企业管理

在社会生产发展的一定阶段,一切规模较大的共同劳动都需要进行指挥,以协调个人的活动。通过对整个劳动过程的监督和调节,使单个劳动服从生产总体的要求,以保证整个劳动过程按人们预定的目的正常进行。尤其是在科学技术高度发达、产品日新月异、市场瞬息万变的现代社会中,企业管理就显得更加重要。企业管理是社会化大生产发展的客观要求和必然产物,是由人们在从事交换过程中的共同劳动所引起的。

随着市场竞争的日益激烈,企业要想在激烈的市场竞争中立于不败之地,必须不断地提高企业管理水平,企业管理水平的高低决定着企业发展的方向与持续经营的时间。如何提高企业管理水平,是企业应予以高度重视并亟待解决的问题。

5.1　企业管理

5.1.1　基本概念

企业管理是对企业生产经营活动进行计划、组织、指挥、协调和控制等一系列活动的总称,是社会化大生产的客观要求。企业管理是尽可能利用企业的人力、物力、财力、信息等资源,实现多、快、好、省的目标,取得最高的投入产出效率。

企业管理使企业的运作效率大大提高;让企业有明确的发展方向;使每个员工都充分发挥他们的潜能;使企业财务清晰,资本结构合理,投融资恰当;向消费者提供满意的产品和服务;树立企业形象,为社会多做实际贡献。

1. 企业管理基础工作

企业管理基础工作的内容主要包括以下几方面。

(1)标准化工作。

标准化工作包括技术标准、管理标准、工作标准的制订、执行和管理的工作过程。标准化工作要求具有"新(标准新)、全(标准健全)、高(标准水平高)"的特点。

(2) 定额工作。

定额是指在一定的生产技术条件下,对于人力、物力、财力的消耗、利用、占用所规定的数量罚限。定额工作要求:①具有实践性,定额源于实践,是对实践的抽象,不是主观臆造;②具有权威性,定额是经过一定的审批程序颁布的;③具有概括性,定额是对实践的抽象;④具有阶段性,实践在发展,定额也要有阶段地适时进行调整。

(3) 计量工作。

计量工作的核心是获得数据,评价数据。没有实测的和准确可靠的数据,企业的生产和经营管理就失去了科学依据。

(4) 信息工作。

信息工作是指企业生产经营活动所需资料数据的收集、处理、传递、存储等管理工作,现代化企业必须健全数据准确和信息灵敏的信息系统,使企业生产经营过程逐步纳入电子计算机管理轨道。

(5) 完善规章制度工作。

完善规章制度工作要通过建立和健全一套纵横连锁、互相协调的企业内部经济责任制体系来实现。

(6) 基础教育工作。

大力做好基础教育工作,可以提高职工的政治、文化和技术素质。

2. 企业管理的组织架构设计

企业管理的组织架构设计没有固定的模式,根据企业生产技术的特点及内外部条件而有所不同;但是,组织架构变革的思路与章法还是能够借鉴的。

组织架构变革应该解决好以下 4 个结构。

(1) 职能结构。

一项业务的成功运作需要多项职能共同发挥作用,因此,在设计组织架构时首先应该确定企业经营到底需要哪几个职能,然后确定各职能间的比例与相互之间的关系。

(2) 层次结构。

层次结构即各管理层次的构成,也就是组织在纵向上需要设置几个管理层级。

(3) 部门结构。

部门结构即各管理部门的构成,也就是组织在横向上需要设置多少个部门。

(4)职权结构。

职权结构即各层次、各部门在权力和责任方面的分工及相互关系。

3. 企业管理的内容

企业管理还应注重以下内容。

(1)企业管理五要素。

企业管理五要素包括企业文化、战略规划、奖惩制度、改革与创新及学习培训。

(2)管理模式人性化。

管理模式人性化一个企业成功的根本不在于个人如何坚持自己的风格,而在于周围的人如何看待企业管理者的为人。在管理上,有许多种模式,人性化管理永远不会过时。

作为企业管理者,必须要关爱员工,多以员工的利益为出发点,贯彻"人性化,一切为人"的观念。如调节企业员工分配关系、了解员工家庭困难问题等,这种关心,既能感动自己也能激励他人,更能促进社会和谐。当然,在企业管理中实行人性化管理不是说不处罚,而是企业领导干部人要正、走得正、站得正、做得正,但对歪风邪气坚决处罚不手软,该罚的要罚,该辞退的要辞退,赏罚要分明。人性化管理应该是,严要有据、宽要有边、硬要有度、软要有界。这就是人性化管理的基本要素。

(3)管理制度正常化。

"管理出效益",这是千古不变的真理。企业管理制度的建立,就好比法律的存在一样,是为了规范员工而建立的。当然,如果制度的正常化和监管工作没有做好,没人去执行,没人去监管,讲归讲,做归做,那么企业就必定失败,所以要想做好企业管理,管理制度的正常化是必不可少的条件。

(4)重视人才不放松。

办企业不能忽视人才,在企业管理当中重视人才的作用,特别是充分发挥科技人才的重要作用,对这一类人才进行一系列政策倾斜,如工资、奖金方面的倾斜,并对有突出贡献的科技人才进行表彰,树立榜样。人才是企业发展的关键,所以企业要想得到发展就必须重视人才。

5.1.2 发展过程

1. 企业管理的发展

企业管理的发展大体经历了3个阶段。

(1)18世纪末至19世纪末的传统管理阶段。

这一阶段出现了管理职能同体力劳动的分离,管理工作由资本家个人执行，其特点是一切凭个人经验办事。

(2)20 世纪 20 年代至 40 年代的科学管理阶段。

这一阶段出现了资本家同管理人员的分离，管理人员总结管理经验，使之系统化并加以发展，逐步形成了一套科学管理理论。

(3)20 世纪 50 年代至今的现代管理阶段。

这一阶段的特点：从经济的定性概念发展为定量分析，采用数理决策方法，并在各项管理中广泛使用电子计算机进行管理。

2. 企业管理的演变

企业管理的演变是指企业在发展过程中的管理方法和手段的变化必经的过程，通常演变由经验管理阶段、科学管理阶段及文化管理阶段构成。

(1)经验管理阶段。

企业规模比较小，员工在企业管理者的视野监视之内，所以企业管理靠人才就能够实现。在经验管理阶段，对员工的管理前提是经济人假设，认为人性本恶、天生懒惰、不喜欢承担责任、被动，所以有这种看法的管理者采用的激励方式是以外激为主，"胡萝卜加大棒"，对员工的控制也是外部控制，主要控制员工的行为。

(2)科学管理阶段。

企业规模比较大，靠人治则鞭长莫及，所以要把人治变为法治，但是对人性的认识还是以经济人假设为前提，靠规章制度来管理企业。其对员工的激励和控制还是外部控制的，通过惩罚与奖励来使员工工作，员工因为期望得到奖赏或害怕惩罚而工作。员工按企业的规章制度去行事，在管理者的指挥下行动，管理的内容是管理员工的行为。

(3)文化管理阶段。

企业的边界模糊，管理的前提是社会人假设，认为人性本善，人是有感情的，喜欢接受挑战，愿意发挥主观能动性，积极向上。这时企业要建立以人为本的文化，通过人本管理来实现企业的目标。

文化管理阶段并不是没有经验管理和科学管理，科学管理是实现文化管理的基础，经验仍然是必要的，文化如同软件，制度如同硬件，二者是互补的。只是由于到了知识经济时代，人更加重视个人价值的实现，所以，对人性的尊重显得尤为重要，因此，企业管理要以人为本。

5.1.3　主要组成

企业管理主要指运用各类策略与方法，对企业中的人、机器、原材料、方法、资产、信息、品牌、销售渠道等进行科学管理，从而实现组织目标的活动。由此对应衍生为各个管理分支：人力资源管理、行政管理、财务管理、研发管理、生产管理、采购管理、营销管理等，而这些分支又可统称为企业资源管理(Enterprise Resourse Planning，ERP)。通常企业会按照这些专门的业务分支设置职能部门。

企业管理在企业系统的管理上，又可分为企业战略、业务模式、业务流程、企业结构、企业制度、企业文化等系统的管理。美国管理界在借鉴日本企业经营经验的基础上，最后由麦肯锡咨询公司发展出了企业组织七要素，即战略(Strategy)、制度(Systems)、结构(Structure)、风格(Style)、员工(Staff)、技能(Skills)及共同价值观(Shared Values)，又称麦肯锡7S模型。在七要素中，战略、制度及结构被看作"硬件"，风格、员工、技能及共同价值观被看作"软件"，而以共同价值观为中心。何道谊将企业系统分为战略、模式、流程、标准、价值观、文化、结构、制度等十大软件系统和人、财、物、技术、信息五大硬件系统。

企业分项管理的内容如下：

(1) 计划管理。

计划管理是通过预测、规划、预算、决策等手段，把企业的经济活动有效地围绕总目标的要求组织起来。计划管理体现了目标管理。

(2) 生产管理。

生产管理是通过生产组织、生产计划、生产控制等手段，是对生产系统的设置和运行进行管理。

(3) 物资管理。

物资管理是对企业所需的各种生产资料进行有计划的组织采购、供应、保管、节约使用和综合利用等。

(4) 质量管理。

质量管理是对企业的生产成果进行监督、考查和检验。

(5) 成本管理。

成本管理是围绕企业所有费用的发生和产品成本的形成进行成本预测、成本计划、成本控制、成本核算、成本分析、成本考核等。

(6) 财务管理。

财务管理是对企业的财务活动包括固定资金、流动资金、专用基金、盈利等的形成、分配和使用进行管理。

(7) 劳动人事管理。

劳动人事管理是对企业经济活动中各个环节和各个方面的劳动和人事进行全面计划、统一组织、系统控制、灵活调节。

5.1.4 管理绩效

通常,企业管理绩效的实践流程主要包括以下几个方面。

(1)取得高层管理者的支持。

绩效管理是企业管理的一项重要改革措施,仅凭人力资源部门不足以推动整个企业的绩效管理的实施,因此,取得高层管理者的认同和支持显得特别重要。

(2)制订完善的实施计划。

在取得高层管理者的认同和支持之后,人力资源部门认真制订企业的绩效管理实施方案,包括绩效管理的政策方针、实施流程、角色分配、管理责任等。

(3)广泛的宣传。

任何一种新的管理手段的实施都离不开广泛的宣传贯彻,可以通过公司的内刊、宣传栏、局域网等媒介手段对绩效管理的理论、方法、意义和作用等进行宣传。培养经理、员工对绩效管理的感性认识,树立企业的绩效观。这为以后的绩效管理的实践打下坚实的群众基础,减小实施时的阻力。

(4)培训直线经理。

好的管理手段要由高素质的管理者来组织实施,因此,对管理者的培训必不可少。要让管理者深刻掌握绩效管理的理念,改变已有的管理观念,掌握绩效管理的流程、方法和技巧,使得每个管理者都喜欢绩效管理,都掌握绩效管理,都会运用绩效管理,都愿意使用绩效管理的手段管理自己的部门和员工。

(5)做职务分析。

在开始推行企业的绩效管理前,必不可少的工作就是进行职务分析,制作职务说明书。在许多企业里,这项工作几乎是一个空白,最多只有一个泛泛的岗位描述。

(6)颁布企业绩效政策。

绩效管理的推行必须由政策保证,因此,在上述工作的基础上,出台政策措施是非常必要的。

5.1.5 管理信息化

管理信息化是信息的集成,其核心要素是数据平台的建设和数据的深度挖掘,通过信息管理系统把企业的设计、采购、生产、制造、财务、营销、经营、管理等各个环节集成起来,共享信息和资源,同时利用现代的技术手段来寻找自己的潜在消费者,有效地支撑企业的决策系统,达到降低库存、提高生产效能和质量、快速应变的目的,增强企业的市场竞争力。

ERP、OA、CRM、BI、PLM、电子商务等都已经成为企业在管理信息化过程中不可或缺的应用系统,其中,ERP正在向高度整合的全程管理信息化迈进。当前,国内企业如何更大程度参与国际化市场竞争,怎样摆脱繁复的组织架构,打造最优价值网络成为困扰企业已久的问题。航信软件"懂税的ERP"系列产品秉承"商务共享,敏捷创新"的应用理念,为企业管理组织和指标体系多变性提供了支持,将独有管理理念与业务模型进行固化沉淀,通过灵活多变的组织结构技术,为企业构建安全、扩展的一体化信息管理平台。面对复杂的多组织、多法人集团,Aisino ERP为企业提供了开放共享机制,整合优化与产业链合作伙伴间的优势资源,形成上下游企业无障碍业务联动,利用互联网和信息安全技术为产业链合作伙伴在面对市场机会和项目合作时,提供全程共享的商务管理,利于实现产业链整体业务的模式创新。管理信息化系统由几十个子模块高度集成,不仅包含ERP传统应用内容,还涉足企业集团财务、内部资源、供应链、消费者资源、知识库、商业智能、物联网与SAAS(Software-as-a-Service,软件即服务)等,满足在移动商务环境下集团型企业的创新需求及全球化应用需要,紧密连接企业间及与消费者、供应商、合作伙伴的商务协同,实现集团企业管理价值最大化。

管理信息化的成功实施,是企业博弈未来市场的关键。如何保障实施的成功率已经成为国内各大中小型企业的核心课题。对此,航天信息软件认为,保障企业ERP实施成功的核心在于,依照企业所处的发展阶段进行相应的管理转型升级。

企业成长涉及自身能力、规模及业务范围3个方面,成长逻辑就是价值创新,即多元化的协同性、企业能力、市场结构、行业前景、业务关联性等组合因素决定企业成长路线的选择:"微型→小型→中型→大型"。

信息技术飞速发展改变着我国传统经济结构和社会秩序,企业所处的不再是以往物质的经济环境,而是以网络为媒介、消费者为中心,将企业组织结构、技术研发、生产制造、市场营销、售后服务紧密相连在一起的信息经济环境。信息带动管理的转变对企业成长有着全方位影响,它将彻底改变企业原有的经营思想、经营方法、经营模式,通过业务模式创新、产品技术创新,或对各种资源加大投入,借助信息化提供强有力的方法和手段进行实现,其成功的关键是企业不同成长阶段与信息化工具的有机结合。传统软件厂商提供的信息化产品及附带的相关服务,仅局限厂商本身生产的产品范围,从而形成只为销售某种产品交易而交付给消费者,忽略了消费者对这种有机结合衍生的多样需求,以及随着业务发展而不断出现的新需求,形成了目前国内 ERP 软件行业普遍存在与消费者间的阶段合作、产品更新、反复维护和频繁支持等问题的发生。

企业成长路径会随着组织规模不断扩大、业务模式不断转变、市场环境不断变化,导致对信息管理的要求从局部向整体、从总部向基层、从简单向复合进行演变,企业信息化从初始建设到不断优化、升级、扩展和升迁来完成整个信息化建设工作,体现了企业信息管理由窄到宽、由浅至深、由简变繁的特性需求变化。ERP 软件系统对推动企业管理变革、提高绩效管理、增强企业核心竞争力等方面发挥越来越重要的作用,面对互联网时代信息技术革新和中国企业成长路径的需要,通过 B/S 模式完成对 C/S 模式的应用扩展,实现了不同人员在不同地点,基于 IE 浏览器的不同接入方式进行共同数据的访问与操作,极大地降低异地用户的系统维护与升级成本,打造"及时便利+准确安全+低廉成本"的效果。

5.2 再制造企业管理

针对我国再制造企业日益增多、各企业生产条件参差不齐的现状,应进一步加强国内再制造企业的正规化管理,提高再制造产品质量。

再制造企业应具备与产品再制造相应的毛坯检测鉴定、拆解、清洗及再制造性评估、再制造设计、再制造加工、再制造装配、检测等方面的人员、技术、设备和生产能力。根据我国再制造企业的发展现状,可将再制造企业分为再制造生产企业和再制造服务企业。

其中再制造生产企业主要指从事再制造毛坯修复、加工和(或)再制造产品销售的企业。

再制造服务企业主要指为再制造企业服务,从事再制造毛坯回收、拆解、清洗、检测或销售的企业。

5.2.1 再制造生产企业的基本条件

再制造生产企业应该建立与再制造产品相适应的再制造性评估及再制造设计工作流程、技术规范、评审技术。

再制造性评估应形成产品再制造性结论,再制造性结论应能指导再制造设计。

1. 再制造设计的内容
①再制造产品的功能和性能要求。
②再制造修复与加工工艺要求。
③再制造修复与加工过程控制要求。
④再制造产品检验要求。
⑤再制造修复与加工所必需的其他要求。

2. 再制造生产企业应具备的基本条件
①具备再制造毛坯的相关检测技术能力。
②具备制订再制造修复与加工技术工艺规范并形成文件的能力,且应根据修复与加工需求及时更新。
③具备符合再制造产品装配要求的设备及技术手段。
④具备再制造产品的质量及性能检测能力。
⑤根据再制造产品特性及生产工艺的变化,具备完善相关环保和安全生产的技术及设施。
⑥具备对生产或采购的更新件的评价体系及相应技术能力。
⑦具备同类再制造产品生产一致性的保证能力并达到相应要求。当生产一致性保证能力发生重大变化时,应对其进行重新验证并达到要求。
⑧具有再制造产品的再制造率计算能力。

5.2.2 再制造服务企业的基本条件

(1)再制造回收企业。

再制造回收企业应具备规范的废旧产品回收体系,具备在回收过程中避免造成回收件损伤的技术能力,具备再制造毛坯的初步检验及鉴定技术能力。

(2)再制造拆解企业。

再制造拆解企业应具备相应的再制造毛坯拆解与清洗的技术能力;具备在拆解与清洗过程中避免造成零部件损伤的技术能力;具备对拆解与清洗过程中产生的废弃物进行处理的技术能力;具备对拆解和(或)清洗后的零部件进行分类、存放的技术能力。

(3)再制造检测企业。

再制造检测企业应具备对拆解和(或)清洗后的零部件的外观质量、内部质量及特殊性能进行检测的技术能力,具备对检测后的零部件进行分类、存放的技术能力。

(4)再制造销售企业。

再制造销售企业应具备再制造产品市场需求预测技术,预测结果应指导再制造生产计划和(或)销售计划的制订;建立产品售后技术服务体系,包括产品故障诊断、故障维修、质量信息反馈、质量问题追溯等技术。

5.2.3 再制造企业管理规范

1. 生产能力管理

(1)应有必要的生产场地、存储场地或设施及适宜的、整洁的生产环境。

(2)生产设备的加工精度和能力应当与产品特性要求相适合。

(3)应具有再制造生产所必需的专用设备、工装和工具,制订和实施安全防范措施。

2. 设计开发能力管理

(1)应对再制造产品进行设计和开发工作,能够完成系统性开发、最终产品匹配等工作。

(2)制作适于本企业的产品设计开发工作流程和指导具体设计工作的设计规范及作业指导书,内容至少应当覆盖自主知识产权再制造产品设计全过程、技术文件管理、标准化等内容,且在实际工作中得以应用。

(3)设计开发工作流程可以在再制造新产品的设计开发流程中予以体现,要突出再制造性设计开发相关的环节和要求。

(4)设计内容应能够指导产品再制造的设计、验证、采购或回收零部件功能与性能要求的开发与确认等工作。

(5)应享有所掌握的核心技术的技术原理、结构、功能和性能要求、控制方法、通信和数据交换、失效模式和安全风险,以及测试评价方法、主要故障模式的诊断和解决措施等。

(6)应当具备与所生产的再制造产品相适应的试制能力,包括与企业自身研发工作相适应的试验验证与批量生产能力。

(7)再制造产品和再制造过程设计开发的输入应当进行可行性论证,论证通过后方可实施。再制造产品和再制造过程设计的输出应当以能针对设计输入进行验证的方式提出,应当对其进行评审、验证和确认,并保存相应记录。

(8)在实施再制造产品和再制造过程的设计更改(包括由供方引起的更改)前,应当重新进行评审(包括评审设计更改对产品组成部分和已交付产品的影响)、验证和批准,并满足生产一致性要求和产品可追溯性要求,如有特殊需求需征得消费者同意。

3. 生产一致性保证能力管理

（1）与产品质量有关的人员应当具备相应的能力，严格按程序文件、工艺技术文件或相关规定要求进行操作。

（2）应当建立再制造质量控制人员能力评价和考核制度，并保持适当的记录。

（3）应当为重要的进货/回收件检验、过程检验、最终检验编制检验规程或检验作业指导书，并按规定的项目、方法、频次和限值进行检验和验证，对安全、环保、节能等法规符合性、消费者特殊要求、再制造产品专项检测项目要求等应当特别关注。

（4）对关键工序和特殊过程，应当编制作业指导书，明确工艺要求和控制方法，规范操作，并实施过程监视和测量。

（5）应具有再制造产品的主要功能、性能的检验能力，至少包括使用性、经济性（能量消耗）等方面的测试能力。

（6）应当建立从原材料（回收件或新零部件）供方至最终再制造产品出厂的完整的产品追溯体系。当产品质量、安全、环保、节能等方面发生重大共性问题时，应能迅速查明原因，并采取必要措施。

（7）再制造产品应当满足国家标准、行业标准和经过确认的企业标准或者技术规范要求。

（8）当企业的生产一致性保证能力发生重大变化时，必须进行重新验证以确保达到原有产品安全质量要求，验证全过程必须进行记录。

4. 营销和售后服务能力管理

（1）再制造企业应该提供不低于原型产品的质保承诺和售后服务。

（2）应当建立完整的销售和售后服务体系，包括人员培训（企业内部人员、特约销售和维修人员、消费者或使用单位的人员）、销售和售后服务网络建设、维修服务提供、备件提供、索赔处理、产品和零部件回收、信息反馈、消费者管理等内容，并有能力实施。

注：销售和售后服务网络建设的要求仅适用于成熟期产品。

（3）维修服务、备件供应当能够满足消费者要求，并向消费者提供维修和咨询服务。

（4）售后服务体系除能独立完成或与供方协作完成与常规产品相同的售后服务项目外，还应具备再制造产品的故障诊断能力和维修服务能力。

（5）企业应当为再制造产品建立档案，对再制造产品使用情况进行跟踪，对产品使用状态进行监控，建立质量信息反馈机制，并对其质量信息进行管理。

5. 零部件采购或回收管理能力管理

(1)建立与再制造产品相适应的原材料或零部件采购或回收管理体系,制订评价标准并对供应方进行评价和选择,从评价合格的供应方采购或回收。

(2)供应方的评价内容包括但不限于产品供应或回收稳定性、供应或回收授权情况、供应或回收产品的质量保证能力等,并保存相应记录。

(3)零部件的采购或回收方必须确保产品在储存及运输过程中不造成二次损坏,同时符合国家环保和安全方面的相关法律法规要求。

本章参考文献

[1] 冯俊华.企业管理概论[M].北京:化学工业出版社,2011.

[2] 中华人民共和国国家质量监督检验检疫总局,中国国家标准化管理委员会.废弃产品处理企业技术规范:GB/T 27873—2011[S].北京:中国标准出版社,2010.

[3] 中华人民共和国国家质量监督检验检疫总局,中国国家标准化管理委员会.报废汽车回收拆解企业技术规范:GB 22128—2008[S].北京:中国标准出版社,2008.

[4] 国家市场监督管理总局,中国国家标准化管理委员会.危险化学品经营企业安全技术基本要求:GB 18265—2019[S].北京:中国标准出版社,2019.

第6章 再制造标准管理

标准引领创新,标准是国家利益在技术经济领域中的体现,是国家实施技术和产业政策的重要手段。标准化是抢占产业竞争制高点的重要手段,是创新的驱动力,标准能够体现国家的技术基础和产业基础。2015年3月,国务院颁布了《深化标准化工作改革方案》(国发〔2015〕13号)的通知,标志着我国标志化事业发展进入新阶段。方案中提出,通过建立高效权威的标准化统筹协调机制、整合精简强制性标准、优化完善推荐性标准、培育发展团体标准、放开搞活企业标准、提高标准国际化水平等措施,建立政府主导制定的标准与市场自主制定的标准协同发展、协调配套的新型标准体系,健全统一协调、运行高效、政府与市场共治的标准化管理体制,形成政府引导、市场驱动、社会参与、协同推进的标准化工作格局,有效支撑统一市场体系建设,让标准成为对质量的"硬约束",推动中国经济迈向中高端水平。2016年1月,全国标准化工作会议召开,会议指出新常态下经济社会发展对标准化的需求是全面的、具体的,更是紧迫的。我国标准化工作需围绕"五位一体"总体布局和"四个全面"战略布局,牢固树立创新、协调、绿色、开放、共享的发展理念,推进标准体系结构性改革,实施"标准化+"战略行动,服务大众创业、万众创新。2016年4月,国务院常务会议决定实施《装备制造业标准化和质量提升规划》,规划中要求对接《中国制造2025》,瞄准国际先进水平,实施工业基础和智能制造、绿色制造标准化和质量提升工程,加快关键技术标准研制,力争到2020年使重点领域国际标准转化率从目前的70%以上提高到90%以上。面对我国再制造发展的新形势、新机遇和新挑战,有必要在系统梳理现有相关标准、明确再制造标准需求和重点领域的基础上,建立再制造标准体系并成套、成体系地开展再制造标准化工作,引领我国再制造产业健康有序发展。2017年11月,《高端智能再制造行动计划(2018—2020年)》(工信部节〔2017〕265号)中提出加大对高端智能再制造标准化工作的支持力度,充分发挥标准的规范和引领作用,建立健全再制造标准体系,加快制修订和宣贯再制造管理、工艺技术、产品、检测及评价等标准。进一步完善再制造产品认定制度,规范再制造产品生产,促进再制造产品推广应用。充分发挥相关行业协会、科研院所和咨询机构等作用,强化产业引导、技术支撑和信息服务等,探索建立以产品认定、企业信用为基础的行业自律机制。推动开展第三方检测评价，促进行业规范健康发展。

虽然当前的再制造产业发展态势良好、前景广阔，但政府、企业、消费者对再制造的认识还不够统一，再制造企业数量和产业规模较国外仍有较大差距，特别是再制造质量控制、技术基础、综合评价等方面的标准缺乏，导致无法建立统一规范的再制造质量控制及产品认证评价体系，致使再制造管理方面的政策缺失，阻碍了再制造技术的广泛应用和再制造行业的健康发展，这也成为制约我国再制造产业发展的瓶颈之一。

因此，亟须构建一套围绕再制造全过程，从顶层设计到再制造不同行业再到再制造产品的标准体系，规划设计一套行之有效的基础通用、关键技术、管理认证和产品标准体系框架，逐步规范和完善再制造产业的标准体系，充分发挥标准的基础支撑、技术导向和市场规范作用，保证再制造产品质量、降低再制造费用、提高再制造效率，形成再制造产业与标准化工作螺旋上升、相互促进的局面，促进我再制造产业规范化发展。

6.1 国内外再制造标准化现状

当前，我国工业发展的内外环境正在发生深刻变化，处于转型升级、提质增效、绿色发展的关键时期，绿色、智能是制造业转型的主要方向。标准化、国际化是绿色制造未来的发展趋势。标准引领创新，标准是国家利益在技术经济领域中的体现，是国家实施技术和产业政策的重要手段。近年来，国家颁布了一系列推动我国绿色制造、智能制造、再制造标准化工作的规划、指南和行动计划等。2016年8月，国家质检总局、国家标准化管理委员会、工信部联合颁布的《装备制造业标准化和质量提升规划》要求对接《中国制造2025》，瞄准国际先进水平，实施工业基础和智能制造、绿色制造标准化和质量提升工程，加快关键技术标准研制，力争到2020年使重点领域国际标准转化率从目前的70%以上提高到90%以上。2016年9月，工信部、国家标准化管理委员会联合颁布了《绿色制造标准体系建设指南》，指南中指出要完善绿色制造标准顶层设计，实施绿色制造标准化提升工程，构建绿色制造标准体系，加快重点领域标准制修订，提升绿色制造标准国际影响力，促进我国制造业绿色转型升级。2017年4月，国家发展改革委等14个国家部委联合颁布了《循环发展引领行动》，明确提出再生产品、再制造产品推广行动，支持再制造产业化、规范化、规模化发展，强化循环经济标准和认证制度。健全循环经济标准制度。完善产业废弃物综合利用、再生资源回收利用、再制造等标准。深化循环经济标准化试点工作，开展不同行业、领域的循环经济标准化试点示范工作。支持社会团体制定资源循环利用领域的团体标准。2017年5月，工信部颁布了《工业节能与绿色标准化行动计划（2017—2019年）》，指南中提出到2020年，在单位产品能耗（水耗）限额、再生资源利用、绿色制造等领域制修订300项重点标准，基本建立工业节能与绿色标准体系，同时强化标准实施监督，加强基础能力建设，构建标准化工作平台，加强标准宣贯培训，培育一批节能与绿色标准化支撑机构和评价机构。2017年，科技部、质检总局、国家标准委联合颁布《"十三五"技术标准科技创新规划》，规划中提出到2020年，技术标准创新政策环境进一步优化，技术标准研制能力和服务水平大幅提升，研制技术标准成为科技计划的重要任务，国家科技计划支持研制基础通用与公益、产业共性技术国家标准1 000项以上；研制国际标准200项以上，推动1 000项以上中国标准被国外标准引用、转化，或被境外工程建设和产品采用；在重点领域和区域建设50个国家技术标准创新基地；建设50个国家级标准验证检验检测点；培育形成一批重要的团体标准。2017年10月，工信部颁布了《高端智能再制造行动计划（2018－2020年）》，行动计划中提出加强标准研制和评价机制建设。到2020年，颁布50项高端智能再制造管理、技术、装备及评价等标准。加快高端智能再制造标准研制，鼓励行业协会、试点单位、科研院所等联合研制高端智能再制造基础通用、技术、管理、检测、评价等共性标准，鼓励机电产品再制造试点企业制定行业标准及团体标准。为加强我国标准化工作，提升产品和服务质量，促进科学技术进步，保障人身健康和生命财产安全，维护国家安全、生态安全，提高经济社会发展水平。2017年11月第十二届全国人民代表大会常务委员会第十三次会议通过了新修订的《中华人民共和国标准化法》，并于2018年1月开始实施，标志着我国标准化工作进入新的法治轨道。

再制造作为绿色制造的典型形式，是制造产业链的延伸，是实现工业循环式发展的必然选择。系统、完善的再制造标准体系是再制造产业得以良性发展的重要保障。在再制造产业化发展过程中，标准先行可以引导再制造技术发展，提升再制造产品质量，引领企业参与高水平竞争。先进的技术标准能够促使再制造企业以技术标准驱动工艺改进、带动技术进步、拉动管理提升，从而提高再制造企业的自主创新能力，推动再制造产业实现可持续发展。

6.1.1 国外再制造标准化发展现状

国外再制造产业经过多年发展,已形成较为成熟的市场环境和运作模式,在再制造设备、生产工艺、技术标准、销售和售后服务等方面建立了较完善的再制造体系,主要体现在:一是再制造设计,即对重要设计要素,如拆解性能、零部件材料种类、设计结构与紧固方式等进行深入研究;二是再制造加工,即对于机械产品,主要通过换件修理法和尺寸修理法(将失配的零部件表面尺寸加工修复到可以配合的范围)恢复零部件的性能。目前,美、日等国家的再制造产业规模大,设有再制造产业协会及研发机构,有较完善的再制造政策法规、技术标准体系。美国将再制造产品完全视为原型产品,对再制造行业的管理按照同行业新产品的要求来进行,不论产品瑕疵是原型产品固有的或使用后性能降低所致的或再制造过程中产生的,再制造企业均应当对其产品质量负责。除严格要求再制造企业保证产品质量外,还需在产品标识、包装、广告等方面明确标明或明示消费者此产品为再制造产品,确保消费者的知情权,图 6.1 为卡特彼勒生产的再制造发动机。2011 年,美国再制造产值已达到 430 亿美元,其中航空航天、重型装备和非道路车辆(HDOR)、汽车零部件再制造产品约占美国再制造产品总产值的 63%。据欧洲再制造联盟(European Remanufacturing Network,ERN)统计,截至 2015 年年底,欧盟再制造涵盖航空航天、汽车、电子电器、机械及医疗设备等领域,产值约 300 亿欧元,预计到 2030 年将达到 1 000 亿欧元,再制造成为欧盟未来制造业发展的重要组成部分。日本再制造的工程机械中,58%由日本国内用户使用,34%出口到国外,其余 8%拆解后作为配件出售。图 6.2 为小松(常州)机械更新制造有限公司生产的日本小松认证指定循环工程机械。

图 6.1 卡特彼勒生产的再制造发动机

图6.2 日本小松认证指定循环工程机械

随着再制造产业的快速发展,世界先进制造业国家都在着手制定再制造相关标准。美国、日本等国家的大学、科研机构及行业协会开展了一系列再制造技术标准与管理研究工作,对再制造产品种类、再制造质量控制、再制造产品销售市场与市场规模及再制造入市门槛等进行了系统研究。目前,国外开展再制造标准研究的机构有美国再制造工业协会(Remanufacturing Industries Council,RIC)、美国机动车工程师协会(Society of Automotive Engineers,SAE)、美国石油协会(American Petroleum Institute,API)、欧洲标准化委员会(European Committee for Standardization,CEN)、英国标准协会(British Standards Institution,BSI)、德国标准协会(Deutsche Industrie Normen,DIN)、加拿大通用标准局(Canadian General Standards Board,CGSB)等。2009年BSI颁布了《生产、装配、拆解、报废处理设计规范-第2部分:术语和定义》(BS 887—2:2009)英国国家标准,首次对再制造进行定义,再制造产品的性能应等同于或高于原型产品,随后BSI又颁布了《生产、装配、拆解、报废处理设计规范-第220部分:再制造过程技术规范》(BS 887—220:2010)、《计算硬件的返工和再销售技术规范》(BS 887—211:2012)等再制造相关标准,对再制造相关术语和定义、废旧产品技术资料收集、毛坯回收、初始检测、拆解、零部件修复、再装配、测试等再制造过程做了规范和要求。2017年2月,美国再制造工业协会颁布了美国国家标准《再制造过程技术规范》(RIC001.1—2016),对再制造相关概念、定义进行更新和划分,规定了再制造产品质量不低于原型产品,该标准明确规定再制造产品的认定监督和责任溯源,规定再制造产品标签应包括该标准的序列号及一条或更多信息:再制造产品认定信息;"由×××公司再制造";"由×××(原始设备制造商名称)委托再制造";"由×××(原始设备制造商名称)授权×××公司再制造"。此外,欧洲标准化组织、德国标准化协会、加拿大通用标准局及南非标准局都颁布了相关再制造标准,涵盖的产品有石油和天然气工业钻井和生产设备、货物运输罐、碳粉盒、汽油发动机等,可为我国再制造标准化工作提供了借鉴。在再制造标准国际化方面,2001年国际标准化组织ISO/TC67"石油、石化和天然气工业用设备材料及海上结构"技术委员会在其颁布的《石油和天然气工业.钻井和生产设备.提升设备的检验、维护、修理和再制造》(ISO 13534—2001)中首次定义"再制造"对设备进行特殊处理或重新机械加工的作业。ISO/TC127"土方机械"技术委员会开展了土方机械再制造标准研制,《土方机械 可持续性 第2部分:再制造》(ISO/FDIS 10987—2—2017)中规定了土方机械再制造产品的术语、身份识别、流通和标识等,适用于土方机械整机和零部件再制造,目前该标准已形成最终国际标准版草案。表6.1为国外已颁布实施的部分再制造产品标准。

表6.1 国外已颁布实施的部分再制造产品标准

标准号	标准名	国别
RIC 001.1—2016	再制造过程技术规范	美国
SAE J1915—2017	手动变速箱离合器总成再制造推荐流程	美国
SAE J1916—2007	发动机水泵再制造流程与验收标准	美国
SAE J1890—2007	液压齿轮齿条式转向器再制造性能保证	美国
SAE J2073—2008	汽车起动机再制造流程	美国
SAE J22237—2008	重载起动机再制造流程	美国
SAE J2240—2008	汽车起动机转子再制造流程	美国
SAE J2241—2008	汽车起动机驱动机构再制造流程	美国
SAE J2242—2008	汽车起动机电磁阀再制造流程	美国
SAE J1693—2012	再制造机动车制动器液压主缸一般特性和试验规程	美国
API RP 6DR—2012	石油管线阀门的维修与再制造	美国
API RP 8B—2014	起重设备检查、维护、维修与再制造流程	美国
BS AU 257:2002	火花和压缩点火发动机再制造技术规范	英国
BS 8887—220:2010	制造、装配、拆解和报废的设计制造过程规范	英国
BS PAS 3100:2014	汽车零部件再制造 控制系统工艺规范	英国
BS ISO 10987—2—2016	土方机械 可持续性第二部分:再制造	英国
CGSB 43.126—2008	危险货物运输罐的重整、再制造和修复	加拿大
CGSB 53.148—2011	碳粉盒再制造	加拿大

续表 6.1

标准号	标准名	国别
ISO 13534—2000	石油和天然气工业,钻井和生产设备,提升设备的检验、维护、修理和再制造	ISO
ISO/FDIS 10987—2—2017	土方机械 可持续性 第二部分:再制造	ISO

6.1.2 我国再制造标准化发展现状

我国自主创新的再制造工程是在维修工程、表面工程基础上发展起来的,应用寿命评估技术、复合表面工程技术、纳米表面工程技术和自动化表面工程技术,使零部件的尺寸精度和质量标准不低于原型产品水平。以"尺寸恢复和性能提升"为主的中国特色再制造模式,在提升再制造产品质量的同时,可大幅提高废旧产品的再制造率。由于再制造具有产品种类繁多,区域、行业、产量规模差异较大等特点,因此,要加强再制造标准体系结构、术语定义、通用规范、技术要求、认证标识、数据库等再制造标准的制定,通过标准加强分级、分类指导,引导不同行业、不同规模的企业基于各自发展阶段开展再制造业务。2011年,我国成立了全国绿色制造技术标准化委员会再制造分技术委员会(SAC/TC337/SC1),秘书处挂靠单位为陆军装甲兵学院装备再制造技术国防科技重点实验室,负责再制造领域国家标准体系规划和标准制定。再制造分技术委员会自成立以来,已颁布我国再制造领域首批近20项国家标准。

全国产品回收利用基础与管理标准化技术委员会(SAC/TC415)研究制定《再生利用品和再制造品通用要求及标识》和《再制造产品评价技术导则》等再制造国家标准。此外,全国汽车标准化技术委员会(SAC/TC114)、全国土方机械标准化技术委员会(SAC/TC334)、全国机器轴与附件标准化技术委员会(SAC/TC109)及其他标委会已颁布和正在研制与其行业相关的再制造产品系列标准。表6.2为我国再制造相关标准化技术委员会一览表。截至2018年3月,我国已颁布再制造国家标准近40项(表6.3)、地方标准10余项、行业标准近30项,正在研制的再制造国家标准10余项,再制造系列标准的制定和实施对促进我国再制造产业发展起到了重要的推动作用。已颁布的再制造国家与行业标准覆盖的范围和数量如图6.3所示,目前我国基础通用、汽车、土方机械、机床等标准中国家标准占主导地位,而内燃机、通用机械和办公设备等的行业标准较多。目前,我国再制造标准化工作处在快速发展阶段,颁布实施的再制造基础通用标准、共性技术、典型产品等系列标准,对规范再制造企业生产、保证再制造产品质量、推动我国再制造产业发展起到了积极的作用。

表6.2 全国再制造相关标准化技术委员会一览表

序号	技术委员会名称	秘书处所在单位	负责专业范围
1	全国绿色制造技术标准化技术委员会(TC337)	中机生产力促进中心	装备制造业领域绿色设计方法、绿色制造工艺规划、绿色机加工工艺、自修复与再制造等共性技术
2	全国汽车标准化技术委员会(TC114)	中国汽车技术研究中心	全国载货汽车、越野车、自卸车、牵引车、专用车、客车、轿车及汽车列车、摩托车和电动汽车和名词术语、产品分类、技术要求、试验方法等标准
3	全国土方机械标准化技术委员会(TC334)	天津工程机械研究院	挖掘装载机、推土机、自卸车、挖掘机、平地机、水平定向钻孔机、回填压实机、装载机、吊管机、压路机、铲运机、挖沟机等标准
4	全国内燃机标准化技术委员会(TC177)	上海内燃机研究所	全国通用的内燃机及其附件、各专业用内燃机的共性统一要求的内容等标准
5	全国石油钻采设备和工具标准化技术委员会(TC96)	中国石油天然气股份有限公司	陆地和海洋石油天然气(包含非常规油气)勘探开发(物探、钻井、采油采气和油气储运等工程)用设备、工具及其材料等标准
6	全国电工电子产品与系统的环境标准化技术委员会(TC297)	中国质量认证中心	电工电子产品与系统的环境保护及可回收利用
7	全国产品回收利用基础与管理标准化技术委员会(TC415)	中国标准化研究院	产品回收利用基础与管理,包括术语、分类、图形符号、识别标志、统计指标及统计信息系统、计算方法、回收利用技术、环境要求、管理规范和评价指标体系

续表 6.2

序号	技术委员会名称	秘书处所在单位	负责专业范围
8	全国机器轴与附件标准化技术委员会(TC109)	中国标准化研究院	全国轴伸、键与键槽、花键、联轴器、离合器、制动器、涨套及其他无键联结件等专业领域标准化

表 6.3 我国已颁布的再制造国家标准(截至 2018 年 3 月)

序号	标准号	标准名	实施日期
1	GB/T 27611—2011	再生利用品和再制造品通用要求及标识	2012-05-01
2	GB/T 28615—2012	绿色制造 金属切削机床再制造技术导则	2012-12-01
3	GB/T 28618—2012	机械产品再制造 通用技术要求	2012-12-01
4	GB/T 28619—2012	再制造 术语	2012-12-01
5	GB/T 28620—2012	再制造率的计算方法	2012-12-01
6	GB/T 28672—2012	汽车零部件再制造产品技术规范 交流发电机	2013-01-01
7	GB/T 28673—2012	汽车零部件再制造产品技术规范 起动机	2013-01-01
8	GB/T 28674—2012	汽车零部件再制造产品技术规范 转向器	2013-01-01
9	GB/T 28675—2012	汽车零部件再制造 拆解	2013-01-01
10	GB/T 28676—2012	汽车零部件再制造 分类	2013-01-01
11	GB/T 28677—2012	汽车零部件再制造 清洗	2013-01-01
12	GB/T 28678—2012	汽车零部件再制造 出厂验收	2013-01-01
13	GB/T 28679—2012	汽车零部件再制造 装配	2013-01-01
14	GB/T 29796—2013	激光修复通用技术规范	2014-04-15
15	GB/T 30462—2013	再制造非道路用内燃机 通用技术条件	2014-10-01
16	GB/T 31207—2014	机械产品再制造质量管理要求	2015-05-01
17	GB/T 31208 2014	再制造毛坯质量检验方法	2015-05-01

续表 6.3

序号	标准号	标准名	实施日期
18	GB/T 32222—2015	再制造内燃机 通用技术条件	2016-07-01
19	GB/T 32811—2016	机械产品再制造性评价技术规范	2017-03-01
20	GB/T 32810—2016	再制造 机械产品拆解技术规范	2017-03-01
21	GB/T 32809—2016	再制造 机械产品清洗技术规范	2017-03-01
22	GB/T 32802—2016	土方机械 再制造零部件 出厂验收技术规范	2017-03-01
23	GB/T 32801—2016	土方机械 再制造零部件 装配技术规范	2017-03-01
24	GB/T 32806—2016	土方机械 零部件再制造 通用技术规范	2017-03-01
25	GB/T 32803—2016	土方机械 零部件再制造 分类技术规范	2017-03-01
26	GB/T 32805—2016	土方机械 零部件再制造 清洗技术规范	2017-03-01
27	GB/T 32804—2016	土方机械 零部件再制造 拆解技术规范	2017-03-01
28	GB/T 33221—2016	再制造 企业技术规范	2017-07-01
29	GB/T 33518—2017	再制造 基于谱分析轴系零部件检测评定规范	2017-06-01
30	GB/T 33947—2017	再制造 机械加工技术规范	2018-02-01
31	GB/T 34631—2017	再制造 机械零部件剩余寿命评估指南	2018-05-01
32	GB/T 19832—2017	石油天然气工业 钻井和采油提升设备的检验、维护、修理和再制造	2018-05-01
33	GB/T 34868—2017	废旧复印机、打印机和速印机再制造通用规范	2018-05-01
34	GB/T 34600—2017	汽车零部件再制造产品技术规范 点燃式、压燃式发动机	2018-05-01
35	GB/T 34595—2017	汽车零部件再制造产品技术规范 水泵	2018-05-01
36	GB/T 35977—2018	再制造 机械产品表面修复技术规范	2018-09-01
37	GB/T 35978—2018	再制造 机械产品检验技术导则	2018-09-01
38	GB/T 35980—2018	机械产品再制造工程设计 导则	2018-09-01

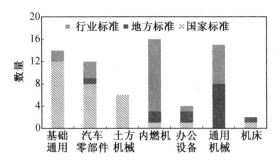

图 6.3 已颁布的再制造国家与行业标准覆盖的范围和数量(截至 2018 年 3 月)

6.2 我国再制造标准体系的构建

再制造的标准研究与标准制定工作实质是一种优化过程,即在系统工程方法论的指导下,运用标准化原理和方法,针对现存的或潜在的问题,对技术成果和实践经验进行总结和优化、对未来发展进行预期,并以公开标准(包括国际标准、国家标准、行业/协会标准等)、非公开标准(企业标准)等不同层次标准的形式对优化结果加以固化,一方面最大程度地提高现实的重复利用效益,另一方面为后续技术研发与企业推广应用奠定高水准的技术平台。

再制造是一个复杂体系,是行业视角、技术视角、过程视角、结果视角等多维视角交织的复合体,因此,也决定了再制造标准的多样性。标准化对象的多样性:概念、数据、方法、技术、过程、规范、软硬件产品等;标准种类的多样性:基础标准、方法标准、产品标准;标准性质的多样性:强制性标准、推荐性标准;标准层次的多样性:国家标准、行业标准、地方标准、联盟(团体)标准、企业标准;标准形式的多样性:国家标准、国家标准化指导性技术文件。

标准是建立在协商一致和全局优化基础之上的技术结晶,是产业经验积累与传承的载体,是实现系统集成和资源共享的前提,也是评估评价和市场准入的技术依据。标准化工作在再制造技术发展中的作用,主要体现在以下 5 个方面:①统一再制造技术基本概念的理解与表述;②加速再制造技术科技成果的转化和推广;③提升再制造技术在制造业企业中的普及、应用和收效程度;④保障再制造技术相关检测、评估、评价与认定工作的规范化;⑤促进再制造技术资源的共享与积累。

6.2.1 再制造标准化需求分析

目前,国内再制造技术的研发尚处于起步阶段,各界对再制造的认识还不够统一,再制造企业较少,企业的技术积累更少,再制造标准缺乏在很大程度上阻碍了再制造技术的广泛推广和应用。因此,要发展我国再制造业,需要逐步建立系统、完善的再制造工艺技术标准、质量检测等标准。

一套完整的再制造产业体系包括从技术标准、生产工艺、产品门类、加工设备到废旧产品回收,再制造产品销售和售后服务的各个方面。我国再制造领域中的技术标准、废旧产品回收网络、再制造产品销售体系及评价体系等方面空白很多,产业体系很不完整。

再制造产业政策缺失的突出表现是缺乏技术标准支持。技术标准是产业发展的规范性准则,目前我国在再制造领域的两项关键标准:报废标准和产品质量标准都还没有国家标准,这在源头上阻碍了再制造产业的健康快速发展。所以,只有结合设备的性能指标,深入开展自动监测技术、寿命评估与预测技术研究,构建制定行之有效的质量控制技术体系、技术标准体系、认证体系,才能使再制造产品的质量稳定可靠,才能使我国再制造产业走上健康发展的道路。

6.2.2 我国再制造标准体系构建思路

全面贯彻落实《中国制造 2025》,以促进再制造产业创新发展为主题,加强顶层设计和统筹规划,运用系统的分析方法,针对再制造标准化对象及其相关要素所形成的系统进行整体标准化研究,以再制造整体标准化对象的最佳效益为目标,按照立足国情、需求牵引、统筹规划、急用先行、分步实施的原则,以推动企业降低运营成本和产品不良品率、缩短产品生产周期、提高生产效率和能源利用率为导向,从企业的实际需求出发制定标准。加强基础通用标准和关键核心标准制修订。一方面,标准体系建设工作应与我国目前实施的再制造试点示范工作密切结合,通过试点示范发现最佳发展方式,挖掘标准化需求,总结先进的技术、产品、管理和模式,采用标准的形式固化试点示范成果,并在全行业推广;另一方面,应制定再制造技术实施指南和评价指标体系标准,对再制造试点示范的成效开展评价,切实推动并提升再制造发展水平。

6.2.3 再制造标准体系的内涵

再制造标准体系涵盖基础通用标准、关键技术标准、流程管理标准和行业产品标准,是一个有机整体,具有丰富的内涵。

再制造标准体系是由若干个相互联系的标准体系组成的有机整体。作为一个整体,各个子系统都有各自的范围,各子系统之间既相互独立又相互联系。

再制造标准体系各个子系统之间相互作用、相互补充和相互依赖,各个子系统相互融合,共同构成了我国再制造标准体系的整体,并能不断容纳新标准。

再制造标准体系的范围是与我国再制造企业运营管理密切相关的,标准体系是规范和衡量再制造企业的管理依据,同时随着科技发展和技术进步,针对标准在实施过程中存在的问题要及时做出修订,提高标准的市场适用性。

6.2.4 再制造标准体系构建原则

1. 坚持目标明确原则

构建我国再制造标准体系的目的是运用标准化的手段,加快先进再制造技术的推广应用、保证再制造产品质量、促进我国再制造产业持续、健康、快速发展。坚持目标明确原则,就是要求构建的再制造标准体系,应为我国再制造标准化工作提供基本依据,保障我国再制造产业标准化工作科学、高效地开展,从而促进我国再制造产业发展。

通过对国家标准、行业标准、地方标准和团体标准的梳理,制定一批我国再制造产业发展急需标准,填补标准体系的空白。通过构建我国再制造标准体系,可明确我国再制造标准体系的结构和组成,提出目前我国再制造领域急需制定的标准清单,确定再制造标准化工作未来的发展方向和工作重点,为我国再制造标准化建设提供依据。

2. 坚持系统性原则

运用系统工程理论构建标准体系,全面考虑我国再制造标准体系的整体性、系统性和全面性,从 3 个维度来分析构建标准体系的建设目标。再制造国家标准体系的三维框架图如图 6.4 所示。以 x 轴为对象维,主要包括再制造的基础标准、设计标准、工艺技术标准、检验试验标准、设备及工艺装备标准、卫生健康标准、安全标准和环境标准等;y 轴为性质维,在标准化理论中,依据标准化对象的基本属性,将再制造标准划分为技术标准、管理标准和产品标准三大类;z 轴为级别维,根据标准的适用范围及覆盖面,可将标准分为 6 个级别,分别为企业标准、团体标准、地方标准、行业标准、国家标准和国际标准,主要体现在适用范围及制定机构的不同,见表

6.4。级别维度有助于判断哪些标准需要设定为国家或行业标准,提高其使用范围。

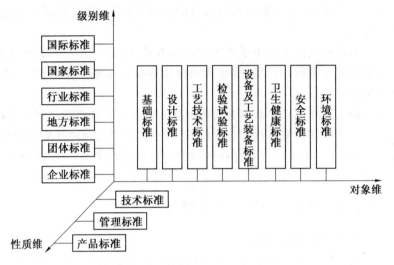

图 6.4 再制造国家标准体系的三维框架图

表 6.4 不同级别的标准对比

级别	使用范围	制定机构
国际标准	全世界范围内	国际标准化组织
国家标准	全国范围内	国家标准行政主管部门
行业标准	机械、汽车等行业范围内	工信部等标准主管部门
地方标准	某个省市范围内	地方标准化行业主管部门
团体标准	全国范围内推荐采用	各协会、学会、联盟等
企业标准	企业内部	企业

3. 坚持兼容性和开放性原则

再制造标准体系是动态变化的体系,随着我国再制造产业的发展,标准体系中标准的相关指标和数量会产生变化。因此,应坚持兼容性和开放性原则,根据产业变化对再制造标准体系进行不断完善。

4. 坚持重点突出原则

在构建再制造标准体系过程中,确定标准体系中的标准时应根据我国再制造产业发展的重点工作,优先制定我国再制造产业发展急需的关键技术标准。

6.2.5 再制造标准体系框架

再制造标准体系应立足各行业再制造领域,面向产品全寿命周期,从再制造概念层面、技术层面、管理层面、认证层面和产业层面对再制造技术体系框架和相应标准进行设计和研制。基于装备全寿命周期、多层面、全流程的再制造标准体系构架图,如图 6.5 所示。其中,基础共性标准包括术语、标识、通用规范、技术要求、数据库等,位于标准体系框架的最底层,其对关键技术标准和流程管理标准形成支撑;关键技术和流程管理标准是再制造标准体系框架的主体,在标准体系框架中起着承上启下的作用;再制造行业产品标准位于标准体系框架的顶层,包括汽车、工程机械、航空航天、精密仪表、办公用品、冶金、煤炭、电力等,面向行业具体需求,对基础通用标准和关键技术标准、流程管理标准进行细化和落实,用于指导各行业进行再制造。

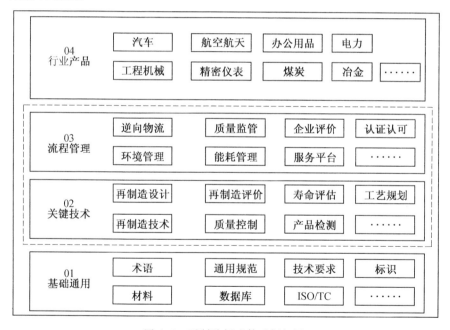

图 6.5 再制造标准体系框架图

1. 基础通用标准体系

一是制定术语定义标准,用于统一再制造相关概念,为其他各部分标准的制定提供支撑;二是制定分类分级标准,对再制造毛坯的质量状态和再制造性进行分类和分级建立产业链上下游统一标准,实行区别处理和流通,减少资源浪费,使整个行业价值最大化;三是制定再制造图形标识标准,用于对再制造产品进行标识与解析,便于政府管理和消费者识别;四是制定再制造技术条件,规定从事再制造所需的基本条件及再制造单位在回收、生产、销售过程中的保障和质量控制要求;五是制定再制造数据统计方面的标准,包括废旧产品再制造率计算方法,再制造环境影响统计等,用于统一核算标准,便于实施考核评价;六是制定再制造基础设施方面的标准,包括逆向物流体系、再制造技术装备等方面,用于保障再制造生产活动,规范和提升再制造水平;七是制定再制造质量要求标准,明确再制造产品的质量不低于原型产品,具体产品还需符合国家标准规定的能效、功耗、环境等方面的要求,用于区别再制造产品与翻新、维修等其他产品。

2. 流程关键技术标准体系

一是制定设计相关标准,包括产品再制造性设计、毛坯再制造方案设计等标准,用于指导产品面向再制造设计,提升零部件再制造率,获得再制造最佳方案,实现资源有效利用;二是制定检测标准,包括再制造前的外观检测、再制造毛坯的无损检测相关技术规范,用于指导再制造零部件分类分级和质量控制;三是制定拆解标准,包括无损拆解、绿色拆解等标准,用于规范再制造拆解流程、推广先进再制造拆解技术、提升企业再制造水平;四是制定清洗标准,包括物理清洗和化学清洗相关技术要求等,规范再制造清洗流程,提升再制造环境保护水平;五是制定再制造修复相关标准,包括表面修复、体积损伤修复等技术规范和控制要求,用于提升再制造产品质量和性能,推广中国特色的再制造技术模式;六是制定再制造质量控制方面的标准,对产品回收、拆解、清洗、检测、修复、装配、测试等环节的活动进行规范,提升再制造各个环节的质量控制水平,确保再制造产品质量不低于原型产品;七是制定再制造性能评价方面的技术规范,用于指导测试再制造产品性能,建立统一的评价体系和方法流程,推广再制造产品性能测试与评价先进技术。

3. 流程管理标准体系

一是制定再制造认证认可标准,包括再制造资质认定标准、再制造公共服务中心认可标准等,用于帮助建立"后试点"时期再制造认证认可制度,解决再制造企业、产品、质量、服务认证认可资质的问题;二是制定再制造企业准入标准,规定再制造市场准入基本要求、技术要求等内容,用于规范再制造产业市场秩序,提升再制造产业发展水平;三是制定再制造物流标准,对废旧产品回收、产品溯源等内容进行规范,用于指导企业落实生产者责任延伸制,扩大废旧产品回收渠道;四是制定环境管理标准,对再制造过程产生的环境影响进行管理和控制,提升再制造绿色化发展水平;五是制定服务平台相关标准,包括再制造集中回收、拆解、清洗、修复等公共服务平台标准,用于优化再制造生产活动,提升再制造效益;六是制定再制造市场营销方面的标准,明确再制造产品标识的使用规定,保障消费者知情权,促进绿色消费;七是制定再制造绩效评价方面的标准,用于考核企业、园区、地区等再制造资源节约、节能减排、绿色GDP的绩效,便于实施再制造优秀单位落实循环经济发展的绩效评定和宣传推广。

4. 行业产品标准体系

再制造涉及众多行业,不同产品再制造过程、技术要求和质量要求不同,针对目前再制造重点行业制定再制造产品标准可提升再制造产品的质量水平和市场认知度。重点包括:一是再制造汽车零部件标准,包括发动机、变速器、转向器、发电机、启动机等产品标准;二是机床再制造标准,包括金属切削机床、数控卧式车床、重型机床等;三是工程机械再制造标准,包括装载机、挖掘机、叉车等整机及其零部件再制造标准;四是石油装备再制造标准,包括石油输油管路、抽油管、柱塞、减速机等装备及其零部件;五是煤机装备再制造标准,包括采煤机、挖进机、刮板运输机的中部槽、刮板、链轮、机头、机尾等装备及零部件;六是铁路装备再制造标准,包括车架、转向架、空压机、制动机、设备鼓风机、散热器等设备及其零部件;七是办公设备再制造标准,包括复印机、打印机、硒鼓、墨盒等产品标准。

再制造标准体系具有以下特征。

(1)再制造基础通用、关键技术、流程管理和行业产品4个方面标准涵盖了再制造产业链的重点标准化对象,4个标准子体系都有各自范围和重点内容,标准子体系之间既相互独立又相互联系。

(2)再制造标准体系是动态开发的系统,随着技术进步和产品更新换代,再制造标准也将不断更新修订,同时纳入新的标准。在技术标准更新的同时,术语类、方法类标准也需要同步修订,确保各标准之间相互补充和相互作用,不断完善再制造标准体系。

(3)再制造标准体系是企业再制造工程实践经验总结,也是技术、市场、管理等方面的现实需求,与我国再制造产业发展和企业管理密切相关,借鉴再制造产业技术创新发展现状与未来趋势,标准体系设计适度前瞻,具有良好的先进性和适用性。

推动再制造标准体系建设,充分发挥标准化在绿色再制造技术发展中的基础支撑、技术导向和市场规范作用,对于实现我国再制造产业绿色、健康、可持续发展具有重要意义。

6.2.6 再制造标准体系的实施

1. 再制造科学研究与技术开发基础

科学研究与技术开发,尤其是标准化科研工作,是标准体系组织实施的重要基础。将科学研究的成就、技术进步的成果同实践中积累的经验相互结合,纳入标准,奠定了标准的科学基础。在制定标准的过程中,科学研究也是贯穿始终的,确切地说,一项标准的制定就是一项科学研究。在某种程度上,标准制定、修订的过程就是科学研究的过程,完成了一项标准的制定就完成了一项科学研究,也就是对科学、技术和经验加以消化、融会贯通、提炼和概括的过程。

目前,我国技术标准体系与科技研发体系之间仍然存在着诸多不相协调,甚至脱节之处。其主要表现在:技术标准不能及时反映行业科技进步的新趋势、新成果,技术标准水平低,技术标准与市场需求脱节,某些领域的技术标准与国际标准和国外先进标准差距较大等。出现这些现象的原因是多方面的,但直接原因是科技研发与制修订标准的立项联系较少、严重脱节,科技成果不能及时转换为技术标准。因此,在再制造技术标准体系的组织实施中,应十分重视标准体系与再制造科技研发的协调,应力求体现出标准体系和具体技术标准的科学性、先进性;力求反映新的科技成果。应根据再制造科技研发的进展,不断制修订相关新产品、新设计、新工艺、新材料、先进管理等方面的技术标准。

具体而言,一是要重视开展概念研究。对标准中所涉及的术语、技术用语、基本现象、基本物理量等,应在系统研究的基础上,科学、准确地解释其概念和内涵。二是要重视开展方法研究。针对不同类型产品的再制造,开展有针对性的试验、检验、分析方法研究,使标准尽可能体现出实用性、有效性。三是要重视开展基础数据的研究。例如,采用不同的再制造技术对再制造毛坯进行再制造过程中,应在大量试验的基础上,针对再制造毛坯的不同特征,确定具体的工艺参数,以便为技术标准的制定提供可靠的依据。四是重视分类研究。在再制造标准体系分类过程中,应寻求科学的分类依据,统一分类标准,使标准的制定不致引起歧义。

只有以坚实的科技研发为基础,再制造技术标准体系的科学性、先进性、有效性才能得到充分的保证。

2. 再制造标准体系的评估和管理

评估和管理是标准体系组织实施的重要环节。定期、适时地进行标准体系的评估和管理,甚至对标准化活动本身进行系统评价和研究,有助于及时发现标准体系和标准化活动中存在的问题,从而为进一步调整标准化战略、内容及管理提供依据。

标准体系的评估和管理包括两个层面:一是宏观层面标准系统的评估和管理;二是微观层面具体标准的评估和管理。对标准系统的评估和管理,一是要评估标准系统是否符合标准化的总体目标和总体方案;二是要评估标准系统的结构和功能及内在联系是否符合依存主体的现状和环境条件;三是要评估标准系统和标准明细表作为指导标准化活动的蓝图与依据的系统性、整体性。对标准系统的整体评估是标准体系组织和实施的重要前提。对新构建的再制造技术标准体系而言,其组织和实施,也应建立在系统评估,尤其是再制造标准系统结构、系统要素以及再制造技术标准明细表与再制造产业发展现状适应程度评估的基础之上。

在具体标准的管理上,《国家标准管理办法》《行业标准管理办法》《团体标准管理办法(试行)》等法律法规,已经对国家标准、行业标准、团体标准的计划、立项、制定、审批、颁布、复审等环节做了规定。但在操作层面,仍然需要紧密结合具体的行业,形成有针对性的标准管理策略。对于再制造技术标准的管理,一是要明确国家标准、行业标准、团体标准和地方标准的准确定位,否则将易于造成标准体系的层级混乱;二是要明确强制性标准和推荐性标准的准确定位。应遵循国际惯例,除法律规定外,尽可能扩大推荐性标准的范围和比例;三是要建立制度化的标准定期复审工作机制,并切实加以施行。应适时开展标准清理工作,评估标准质量和适应性;四是技术标准的制修订程序应更加公开化、透明化,尤其应提高再制造技术标准的信息化管理水平,扩大各利益相关方对再制造标准制修订过程的参与和管理。显然,再制造技术标准体系的组织实施,也需要进一步加强对标准体系的评估和管理,确定各类标准的特性和定位,使标准体系的结构更加科学合理,具体标准的定位更加准确。

3. 开展再制造标准的产品检验和认证工作

标准化与检验工作、认证工作是互相依存、互相促进的。一方面,标准是检验和认证的依据,标准化工作是检验和认证的前提和条件,没有各种类型的标准,就谈不上进行产品质量的检验和认证;另一方面,检验和认证可以促进标准的实施和标准体系的完善,是标准实施监督的有力措施,也是标准、标准化工作与国际接轨的主要途径及形式。事实上,在某种程度上,检验和认证的过程就是标准化的过程,标准化工作的进行和标准体系的实施都需要通过检验和认证工作来实现,标准化也只能在检验和认证过程中得到充实与完善。对再制造标准化而言,积极开展再制造产品的检验和认证工作,将有力地促进再制造技术标准体系的实施,同时也将为进一步调整和完善再制造技术标准体系提供可靠的实践基础。

由于标准化与检验和认证之间的重要关系,在我国标准化相关法律法规中,对检验和认证工作还做出了具体的规定。例如,《中华人民共和国标准化法》规定:"县级以上政府标准化行政主管部门,可以根据需要设置检验机构,或者授权其他单位的检验机构,对产品是否符合标准进行检验",并且"对有国家标准或者行业标准的产品,可以向国务院标准化行政主管部门或者国务院标准化行政主管部门授权的部门申请产品质量认证"。显然,无论是从法律法规的要求,还是从标准化与检验和认证的关系理解,标准化与检验和认证工作都是互为前提和基础、互相依赖的。因此,作为再制造标准化工作的重要内容,再制造技术标准体系的组织实施必须与再制造产品的检验和认证工作相互协调,必须以检验和认证工作的开展,作为再制造技术标准体系实施的重要途径和基础。但从目前的实际情况看,由于缺乏健全和完善的再制造技术标准体系,我国再制造产品的检验和认证工作还相对滞后。尤其在认证上,无论是产品认证还是标准体系认证,都十分有限。但依据国外经验,进一步加强检验和认证工作,将是推动再制造标准化的重要切入点。

4. 再制造标准体系的适用性评价

适用性是一个动态的概念,某一对象的适用性会受到自身内部结构及外部环境的影响,随着发展阶段的改变,适用性也会随之改变,需要不断地改变自身结构以适应变化。再制造标准体系适用性评价分别从标准体系结构、使用性、周期性、实施效益及标准自身5个关键要素,对标准体系适用性产生的影响进行全面系统的评估与分析,这5个要素之间是相互联系、相互影响的。再制造标准体系的适用性与各要素间的关系如图6.6所示。

(1)再制造标准体系内部结构的状态主要分为有序协调与结构不合理两种。有序协调的再制造标准体系通常能提高标准体系的适用性,而不合理的结构会使适用性降低,影响标准体系的使用。当再制造标准体系的适用性较低时,需要及时调整再制造标准体系的结构,否则会制约标准体系的使用;当再制造标准体系的适用性较高时,说明再制造标准体系比较适用于当下的环境,因此,现阶段只需保持现状,不需要进行调整。

(2)再制造标准体系的实施会规范和推动再制造产业的发展,产生不同的效益,主要包括社会效益、经济效益及环境效益。当取得的效益较为显著时,说明再制造标准体系的适用性较高,适用于当下的技术水平及生

6.2 我国再制造标准体系的构建

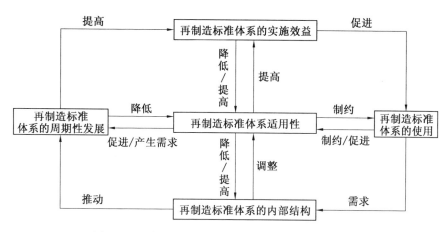

图 6.6 再制造标准体系的适用性与各要素间的关系

产规模。反之,当再制造标准体系适用性较差时,再制造标准体系的实施对再制造产生的效益并不显著;当标准体系比较适用于当下的环境时,则标准体系实施能够带来的效益也会随之提高。

(3) 再制造标准体系不断完善发展是再制造标准体系适用性改变的直接诱因。再制造标准体系的周期性发展的状态主要有产生、滞后及变革3种。新产生的及正在变革的标准体系,处于滞后状态的标准体系,这些都已经不适用于当前的技术水平或市场需求。反之,标准体系适用性也会影响其周期性的发展,当标准体系适用性降低时,产生了标准体系发展的需求;当适用性提高时,又会促进标准体系的发展。

(4) 再制造标准体系适用性与再制造标准体系的使用程度相互影响,在再制造标准体系使用过程中,再制造标准体系不断地适应周围的环境,从而提高了适用性。反之,当再制造标准体系的适用性降低时,制约了再制造标准体系的使用程度,减少了再制造标准体系的使用频度和广度;当适用性提高时,又会促进再制造标准体系的使用,再制造标准体系更能被使用者所接受。

随着再制造一系列标准规范的修订及编制,再制造标准体系存在着周期性的发展,再制造标准体系的水平及完善度在周期性的变化中不断地提高,但是,再制造标准体系的发展降低了再制造标准体系的适用性,进而制约了再制造标准体系的使用程度,因此,在再制造标准体系适用性低的情况下,需要调整再制造标准体系的内部结构,及时编制及更新相关的再制造标准。再制造标准体系内部结构经过调整,在提高再制造标准体系适用性的同时,推动再制造标准体系的发展,再制造标准体系得到完善,从而提高再制造标准体系的实施效益,当实施能够带来的效益提高时,会有更多的使用者采用相关的标准,因此能促进再制造标准体系的使用。再制造标准体系就是在使用中不断地适应,从而提高再制造标准体系的适用性,促进再制造标准体系的发展。若在使用过程中,再制造标准体系出现了不适用的情况,就会产生再次调整再制造标准体系内部结构的需求。

5. 再制造标准体系的维护

再制造标准体系是我国再制造标准化工作的总体规划性和纲领性文件。随着我国再制造产业的不断发展,再制造标准体系也随之会发生变化。因此,标准的制定和维护部门应当按照 PDCA 的循环发展模式及时将我国装备再制造适用的国际标准、国家标准、行业标准、地方标准和正在制定标准都纳入到我国再制造标准体系。同时,搜集整理标准实施的效果评价数据,为开展标准的修订工作提供参考。我国再制造标准体系的 PDCA 循环发展模式,如图 6.7 所示。

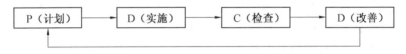

图 6.7 我国再制造标准体系的 PDCA 循环发展模式

图中,P(Plan):为达到良好的目标,需要研究如何做好工作。对于第一次循环而言,就是建立标准体系,之后的循环就是对其进行不断的改进。PDCA 循环是螺旋上升的,每进行一次循环,标准体系就将得到一次改进。

D(Do):贯彻执行体系。

C(Check):定期或不定期检查、评审标准化工作的进展和实施情况。

A(Action):如果检查的结果与预期的结果不一致,则进行分析研究,找出原因,并提出解决问题的计划(Plan)。

开展再制造国家标准体系建设及规划,建立再制造国家标准专项渠道,加强立项和报批环节的协调,按照再制造标准体系,尽快启动基础通用和关键核心标准制定工作。同时,充分利用各种渠道,做好标准宣贯及产业化落地工作,支持再制造重点领域标准研制和标准验证公共服务平台建设,将再制造试点示范工作与标准化工作紧密结合,在再制造试点企业中了解标准化需求,并将标准在再制造试点企业和再制造产品认定工作中得以应用,及时搜集整理标准实施的效果评价数据,根据企业需要和我国再制造产业发展特征,及时对再制造标准体系进行修订调整,编制符合我国国情的再制造标准体系,提高废旧产品利用率、降低再制造成本,为我国再制造产业的节能减排贯彻实施和循环经济发展做出更大的贡献。

6.3 我国再制造标准发展技术路线图

6.3.1 再制造基础通用标准

1. 现状

再制造是在实现资源能源节约的条件下生产出经济发展所需要的产品,由于再制造具有产品种类繁多、区域、行业、产量规模差异较大等特点,因此,要加强再制造标准体系结构、术语定义、通用规范、技术要求、认证标识、数据库等再制造基础通用性标准的制定,通过标准加强分级、分类指导,引导不同行业、不同规模的企业基于各自发展阶段开展再制造业务。

再制造基础通用标准作为其他标准的依据和基础在标准体系建设中具有重要作用,目前已经颁布实施的再制造基础通用标准有:全国绿色制造技术标准化技术委员会、再制造分技术委员会(SAC/TC337/SC1)制定的《再制造 术语》(GB/T 28619—2012)、《机械产品再制造 通用技术要求》(GB/T 28618—2012)、《再制造率的计算方法》(GB/T 28620—2012)、《机械产品再制造质量管理要求》(GB/T 31207—2014)、《机械产品再制造性评价技术规范》(GB/T 32811—2016)、《再制造 企业技术规范》(GB/T 33221—2016)等再制造国家标准;全国产品回收利用基础与管理标准化技术委员会(SAC/TC415)制定的《再生利用品和再制造品通用要求及标识》(GB/T 27611—2011);全国内燃机标准化技术委员会(SAC/TC177)制定的《再制造内燃机 通用技术条件》(GB/T 32222—2015)。此外,全国汽车标准化技术委员会、全国土方机械标准化技术委员会及其他工程机械标委会等产品标委会正在研制有关汽车、工程机械再制造标准。

以美国、英国、加拿大为代表的欧美等国高度重视再制造产业发展,并制定了相应的再制造产品和工艺过程标准,但标准数量少、产品种类覆盖面窄、不够系统和全面,再制造基础通用标准尚属空白。目前主要发达国家的标准化组织(如美国机动车工程师协会、美国国家标准、欧洲标准组织、德国标准化协会、英国标准学会、法国标准组织等)均没有正式的再制造标准化技术委员会。目前,再制造标准已成为全球再制造产业竞争的一个制高点,积极参与并争取主导制定再制造关键领域的国际标准,是我国争夺再制造国际市场话语权的重要手段。

2. 挑战

虽然当前再制造产业发展态势良好、前景广阔,但我国再制造产业基础薄弱,探索性工作多,可借鉴、可复制的成熟经验较少,无法有效指导再制造产业发展。同时,我国政府、企业、公众等对再制造的认识还不够统一。我国再制造标准的研究还处在起步阶段,再制造标准研究面临较大困难和压力,虽然已经启动了一批标准的研究工作,但标准数量少,较零散,缺乏顶层设计和统筹规划,缺少系统完善的再制造标准体系框架,阻碍了再制造技术的广泛应用和再制造行业的健康发展,成为制约再制造产业发展的瓶颈之一。

随着我国"一带一路"倡议的实施和国家自贸区建设的深化,再制造国际贸易迎来发展机遇,再制造标准化在国际贸易中起着至关重要的作用。目前尚未成立专门的再制造国际标准化技术委员会,因此,需加强国际交流合作,共同申请再制造国家标委会,合作开展再制造国际标准体系构建,开展再制造国际标准的制定与实施,有利于促进汽车、工程机械等再制造产品的国际贸易,对于提升企业生产技术水平,延长产品使用寿命,为各国企业开展再制造业务提供技术支持,促进再制造投资贸易和全球再制造产业发展。

3. 目标

(1)再制造基础通用标准研制。

制定完善再制造基础通用标准体系,包括术语、标识、通用规范、技术要求、数据库等基础通用标准,统一再制造相关概念,为其他各部分标准的制定提供支撑。

(2)完成再制造国家标准体系框架总体设计,编制完成标准明细表。

完成再制造国家标准体系建设总体设计,完成现有标准梳理和标准体系框架设计,完成编制明细表、策划并对外颁布。

(3)申请成立再制造国际标准化技术委员会(ISO/TC)。

与国家标委加强沟通合作,推动中国再制造标准的国际互认,在国际合作项目洽谈及协议制定中,优先选用中国再制造标准。同时依托再制造国际标委会和国际合作项目,组建标准战略联盟,推动中国再制造标准上升为国际标准。

6.3.2 再制造关键技术标准

1. 现状

发达国家再制造产业已有几十年历史,对其可持续发展做出了重要贡献。欧美等发达国家的再制造已深入到汽车、工程机械、国防装备、电子电器等各个领域,已形成以"换件和尺寸修理"为特征的较为完善的技术体系,成立了专业的研发团队,从产品的全寿命周期出发,开展一系列再制造技术和专用设备的研发。美国再制造与资源再生国家工程中心重点研究再制造清洗技术、再制造零部件的机械加工技术、产品的全寿命周期设计与再制造性设计技术。此外，该中心还针对再制造产品的健康管理开发了相关的无损检测监测、评估决策技术与设备。德国拜罗伊特大学的欧洲再制造研究中心主要开展了产品的再制造性、再利用率及再制造全域的信息化物流与仓储管理研究。英国在再制造产品无损检测、自适应修复和寿命评估方面开展了大量的研究工作。

我国自主创新的再制造工程是在维修工程、表面工程基础上发展起来的，应用寿命评估技术、复合表面工程技术、纳米表面工程技术和自动化表面工程技术，使零部件的尺寸精度和质量标准不低于原型产品水平。以"尺寸恢复和性能提升"为主的中国特色再制造模式，在提升再制造产品质量的同时，可大幅提高废旧产品的再制造率。我国再制造起步晚，目前启动了不同领域再制造的企业试点，再制造试点企业采用的再制造技术设备基本上依靠国外，仅有个别企业与研究机构合作，进行了关键零部件再制造技术攻关。但总体技术和设备配套不完善，技术发展不均衡，不能支撑再制造产业的发展。2003年，我国首家再制造研究的国家级实验室——再制造技术国家重点实验室成立，开展再制造基础研究、应用基础研究和关键技术攻关。2012年，机械产品再制造国家工程研究中心成立，负责开展再制造技术与装备的推广和服务等工作，工程研究中心的主要发展方向有再制造共性和关键技术研发、再制造科技成果的工程化与产业化、国家再制造产业标准与认证认可、再制造工程技术验证与咨询服务、再制造产业化发展规划论证服务等。2013年，"国家再制造机械产品质量监督检验中心"获国家质量监督检验检疫总局批准筹建，中心具备验证评估、检验检测、标准制修订、检测技术研究、产品研发、技术服务等功能。2016年，"国家再制造汽车零部件产品质量监督检验中心"在江苏省苏州市张家港国家再制造产业示范基地正式成立，主要开展汽车零部件分级分类标准体系研究，推进激光应用技术、再制造测试技术、纳米技术再制造表面修复等产业化，促进了我国再制造产品质量标准体系的建设完善。

再制造包括废旧产品的拆解、清洗、检测、加工、装配等过程，再制造关键技术包括再制造设计技术、再制造系统规划技术、再制造拆解与清洗技术、再制造损伤评价与寿命评估技术、再制造成形加工技术等。先进再制造技术保障了再制造产品质量，为再制造发展提供了技术支撑。例如，纳米电刷镀和粉末冶金技术应用于航空发动机再制造，电弧喷涂技术应用于装备钢结构在海洋环境下的长效防护，激光熔覆技术应用于工程机械、矿山机械的再制造，堆焊、等离子熔覆等应用于武器装备的伴随保障等。

随着先进再制造技术的应用,迫切需要一套系统的、完整的再制造标准体系来规范再制造企业生产、保证再制造产品质量、降低再制造费用、提高再制造效率。目前,全国绿色制造技术标准化技术委员会、再制造分技术委员会已负责完成了《再制造毛坯质量检验方法》(GB/T31208—2014)、《再制造 机械产品拆解技术规范》(GB/T32810—2016)、《再制造 机械产品清洗技术规范》(GB/T32809—2016)、《再制造 机械加工技术规范》(GB/T 33947—2017)、《再制造 机械零部件剩余寿命评估指南》(GB/T 34631—2017)、《再制造 机械产品表面修复技术规范》(GB/T 35977—2018)、《再制造 机械产品检验技术导则》(GB/T 35978—2018)、《机械产品再制造工程设计导则》(GB/T 35980—2018)等多项再制造关键技术国家标准,《再制造 电刷镀技术规范》《再制造 等离子熔覆技术规范》《再制造 电弧喷涂技术规范》《再制造 机械产品装配技术规范》等国家标准已立项。

2. 挑战

再制造关键技术是再制造工程的核心,是推动再制造产业化发展的技术支撑。尽管再制造产品有着严格质检程序,其产品质量和性能不低于原型产品,而价格只有原型产品的一半左右。但由于我国再制造产业发展处于起步阶段,再制造作为新的理念还没有被消费者及社会广泛认同,不少国内消费者目前还难以接受和使用再制造产品,有些人甚至还把再制造产品与二手产品混为一谈,对再制造产业的认识不足,导致了再制造产品市场开拓难度加大。因此,应不断研发和创新拓展用于再制造的先进技术群,使再制造零部件的精度更高、性能更好、寿命更长,确保再制造产品的质量和性能。技术标准是技术和产业健康、规范发展的有力保障。我国再制造因起步较晚,再制造企业的技术积累较少,再制造关键技术相关的标准缺乏,在一定程度上阻碍了再制造技术的推广应用。同时,随着再制造产业的发展,在面向航空发动机、燃气轮机、内燃机、盾构机等大型成套设备的高端再制造,面向服役期内老旧数控机床、空压机、电机等机电装备的在役再制造及面向发动机、通用型复印机、机床等产品的智能升级再制造过程中,对再制造关键技术及其标准体系均提出了新的挑战。

随着《中国制造 2025》的不断推进和深化,创新驱动、智能转型、绿色发展成为制造的发展方向,同时随着新技术和新材料的出现,再制造工程正朝着智能化、复合化和专业化的方向发展。智能再制造工程是智能制造的重要组成,智能再制造工程是再制造发展的新阶段、新模式。发展智能再制造不仅能够顺应中国制造业的发展趋势,而且能够进一步提高再制造的产业效益及效率,构建智能再制造工程标准体系并发挥其作用将是再制造发展的重点内容之一。

3. 目标

（1）完成再制造关键技术标准体系总体设计，完成体系框架设计，编制完成再制造关键技术标准明细表。

（2）建立系统完善的再制造关键技术标准体系，完成再制造关键技术核心标准研制，引导再制造试点示范工作有序推进，初步建设完成标准推广应用平台。

（3）完成再制造关键技术国家标准研制，实现标准互认，建成标准推广应用平台，全面建成再制造关键技术标准体系。

（4）构建完善的智能再制造标准体系，结合再制造产业和技术发展，策划并颁布《国家智能再制造标准体系建设指南》，对智能再制造标准体系进行动态优化。

6.3.3 再制造管理标准

1. 现状

再制造管理指以废旧产品的再制造为对象，以产品（零部件）循环升级使用为目的，以再制造技术为手段，对产品多寿命周期中的再制造全过程进行科学管理的活动。再制造活动位于产品全寿命周期中的各个阶段，对其进行科学管理能够显著提高产品的利用率，缩短生产周期，满足个性化需求，降低生产成本，减少废物排放量。根据再制造的时间和地点，可将再制造分为3个阶段。

（1）再制造回收阶段的管理。

再制造回收阶段的管理即逆向物流，指将废旧产品回收到再制造工厂的阶段，此阶段的管理主要是针对具有较高附加价值的废旧产品进行回收、分类、仓储、运输到再制造厂整个过程的管理，包括废旧产品标准、回收体系、运输方式、仓储条件、废旧产品包装、分类等的管理，主要目的是建立完善的逆向物流体系，降低回收成本，保证具有一定品质的废旧产品能够及时、定量地回收到再制造厂，并保证再制造加工所需废旧品的质量和数量。对该阶段的管理，可以显著降低再制造企业的成本，保证产品质量。

（2）再制造生产阶段的管理。

再制造生产阶段的管理指对废旧产品进行再制造成为再制造产品的阶段，包括对再制造企业内部的生产设备、技术工艺、操作人员及生产过程进行管理，以保证再制造产品的质量。此阶段是废旧产品生成再制造产品阶段，对再制造产品的市场竞争力、质量、成本等具有关键影响作用，尤其是对高新再制造技术的正确使用决策，可以决定产品的质量和性能。该阶段的管理是整个再制造管理的核心部分。

(3)再制造使用阶段的管理。

再制造使用阶段的管理指再制造产品的销售、使用直至报废的阶段，包括对再制造产品的销售、售后服务、再制造产品消费者信息等进行的管理。再制造产品不同于新品，是产品经过性能提升后的高级形式，但在再制造理念还没有得到广泛推广时，普通消费者心理上认为其仍属于旧产品，因而对其销售活动应该建立在一定的消费者心理研究基础上，采用特定的销售管理方法，使再制造理念得到广泛推广。另外，再制造产品的分配渠道也不完全等同于原型产品，需要建立相应的销售渠道。该阶段的管理是再制造产业经济价值和环境价值的体现。

再制造管理的技术单元包括技术管理、质量管理、企业评价、认可认证、市场准入、信息管理等。其中质量管理是核心，贯穿于再制造的全过程，包括再制造回收毛坯质量、废旧产品拆解分类及检测、再制造加工的质量控制、产品包装、销售及售后服务等，整个质量控制体系关系到再制造产业的经济效益和社会效益。

为推进再制造产业规范化、专业化发展，充分发挥试点示范引领作用，工信部和国家发展改革委先后颁布了再制造试点，国家发展改革委、财政部、工信部、国家质检总局颁布了《再制造单位质量技术控制规范（试行）》（发改办环资〔2013〕191号），规定从事再制造所需的基本条件及再制造单位在回收、生产、销售过程中的保障和质量控制要求。规范要求，再制造单位应具备拆解、清洗、再制造加工、装配、产品质量检测等方面的技术设备和能力；从事发动机、变速器再制造的单位需获得原型产品生产企业的授权，以保证再制造产品质量；再制造单位可以通过自身或授权企业的销售及售后服务体系回收废旧产品用于再制造。为促进再制造废旧产品回收，扩大再制造产品市场份额，我国开展了"以旧换再"工作。"以旧换再"是指境内再制造产品购买者交回废旧产品并以置换价购买再制造产品的行为。2014年，国家发展改革委等部门组织制定了《再制造产品"以旧换再"推广试点企业评审、管理、核查工作办法》，确定了再制造"以旧换再"推广试点企业的评审、管理、检查等环节，同时确定了再制造"以旧换再"推广产品编码规则。

2. 挑战

目前，国家实施的再制造试点示范、再制造产品认定及"以旧换再"工作，规定了再制造企业所需的基本条件、技术管理、质量控制、信息管理等，确定了再制造企业评价和产品认定中的申请、评审、管理、检查等流程，对规范再制造企业生产、保证再制造产品质量、促进消费者购买再制造产品起到了重要作用。我国已颁布的再制造试点企业评价、产品认定等规章制度以纲领性、政策性的文件形式,从宏观上统领了再制造企业的发展方向、目标和规划,从职责上规定了主要业务或职责的目标、原则、框架、组织机构及其职责。而再制造管理标准以"5W1H"(为什么要管、谁来管、何时管、管什么、在哪管、怎样管)的思路,将重复性的操作类业务以统一形式固定下来,解决了企业在微观上的生产、经营和管理作业如何开展的问题,在总体上更侧重于对某一项业务再细化,在具体内容上力求细致、详尽地描述到每一个操作步骤,并配以流程图和具体可量化的评价指标。

我国虽然在再制造领域颁布了一些标准,但是再制造管理领域标准尚属空白,缺乏一个能够适应于全行业的标准体系来指导日程的运营管理。随着公众对再制造认识水平的不断提升,再制造产品消费将迎来快速发展阶段,大量的管理标准需要制定,为再制造标准体系的构建完善带来了新的挑战。

3. 目标

(1)加快再制造管理标准的制定工作,逐步解决和克服我国目前再制造企业管理标准中的问题,形成科学合理的、系统的再制造管理标准体系及框架,并与国际接轨。

(2)构建面向多层面的再制造产业链管理标准,从再制造产业链管理角度开展再制造标准体系设计,包括再制造环境管理体系标准、再制造能耗管理标准、再制造绿色供应链管理标准、再制造职业健康与安全管理标准、再制造企业认证制度、再制造市场监管制度、再制造市场准入等标准体系设计。

(3)构建我国再制造管理标准体系表,规范再制造企业运营管理,提升再制造企业的管理水平、管理效率和再制造产品质量,节约管理成本,提高再制造效益,促进我国再制造产业健康发展。

6.3.4 再制造产品标准

1. 现状

产品标准是规定产品应满足的要求以确保其适用性的标准,产品标准的主要作用是规定产品的质量要求,包括性能要求、适应性要求、使用技术要求、检验方法等。产品标准化为产品的规模制造和流通提供了准则与秩序。随着再制造产业的发展,我国再制造从最初的汽车行业逐渐扩展到工程机械、矿山设备、办公用品、航空航天、机床等领域。为规范再制造产品生产、保障再制造产品质量、引导再制造产品消费,2010年,工信部颁布了《再制造产品认定管理暂行办法》(工信部节〔2010〕303号)和《再制造产品认定实施指南》(工信厅节〔2010〕192号),明确了一套严格的再制造产认定制度,再制造产品认定范围包括通用机械设备、专用机械设备、办公设备、交通运输设备及其零部件等,认定包括"申报、初审与推荐、认定评价、结果颁布"4个阶段,通过认定的再制造产品应在产品明显位置或包装上使用再制造产品认定标志。再制造产品认定由再制造企业自愿提出申请,由工信部委托具有合格评定资质的机构具体承担再制造产品认定工作,认定采取文件审查、现场评审与产品检验相结合的方式进行,符合认定要求的纳入《再制造产品目录》。再制造产品认定流程图如图 6.8 所示。

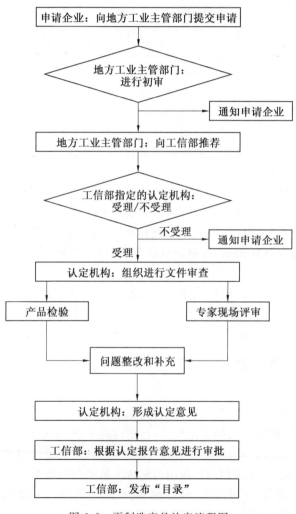

图 6.8　再制造产品认定流程图

2011~2018年，工信部共发布了7批《再制造产品目录》，产品涵盖工程机械、电动机、办公设备、石油机械、机床、矿山机械、内燃机等九大类型150余种再制造产品，已认定的再制造产品型号达9 300余种。如图6.9所示，工程机械、电动机等产品的型号数量最多，约占总产品型号数量的70%，其次为办公设备、石油机械、机床等产品。而航空航天、高端数控机床、医疗设备、海洋工程装备等大型、高端装备再制造产品尚属空白。在《再制造产品目录》(第6批)中，中铁工程装备集团有限公司生产的5种型号土压平衡盾构、泥水平衡盾构、硬岩掘进机(TBM)通过认定，盾构装备首次进入《再制造产品目录》。

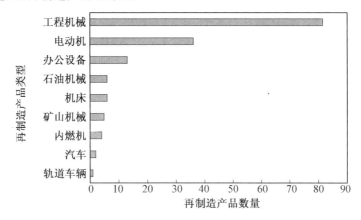

图6.9 《再制造产品目录》第1~7批中再制造产品的类型和数量

发达国家再制造产业已有几十年历史，不仅在废旧产品回收、生产工艺和加工设备、销售和服务等方面形成了一套完整的体系，而且形成了较大的规模，再制造产品涉及汽车、工程机械、办公用品、医疗器械等。我国的再制造产业起步较晚，但是受到国家相关部门的重视，国家相关产业管理部门及科研单位为再制造发展提供了政策支持及技术支撑。20世纪90年代初，我国相继出现了一些再制造企业，如中国重汽济南复强动力有限公司(中英合资)、上海大众汽车有限公司的动力再制造分厂(中德合资)、柏科(常熟)电机有限公司(港商独资)等分别在重型卡车发动机、轿车发动机、车用电机等领域开展再制造，产品均按国际标准进行再制造，质量符合再制造的要求。随着国家对再制造产业支持力度的加大和公众对再制造产品认识的提高，我国再制造产业逐步扩大到其他领域。我国已颁布实施的再制造产品国家标准，其中汽车零部件标准最多，包括起动机、交流发电机、转向器等汽车零部件，以及汽车零部件再制造技术标准，如拆解、清洗、分类等,已颁布实施的再制造产品标准还包括金属切削机床、非道路内燃机等,但我国再制造产品标准总体数量较少、产品类型单一。

2. 挑战

随着科技发展和技术进步,航空航天、医疗、工程机械、汽车等领域废旧机电产品及关键零部件的附加值日益提升。大型飞机、航空发动机、智能绿色列车、节能与新能源汽车、海洋工程装备及高技术船舶、高端数控机床、高端医疗设备等一批大型高端装备,以及发电、煤炭、冶金、钻井、采油、纺织等工业领域的大型装备均面临再制造的问题,因此,如何利用再制造技术实现零部件的高质量、高效率、高可靠性再制造是面临的重要问题。同时,由于数控机床、医疗设备、数码产品等智能和复杂精密机电装备零部件的种类多、数量大,给其产品再制造标准的制定带来了巨大挑战。

3. 目标

开展汽车、工程机械、办公用品、煤炭、电力、冶金、航空航天等重点行业及航空发动机、燃气轮机、内燃机、盾构机、医疗影像设备等重点产品的再制造标准制定。

6.3.5 我国再制造标准发展技术路线图

近年来,我国再制造产业快速发展,再制造关键技术研发取得了重要突破,逐步形成了以寿命评估技术、复合表面工程技术、纳米表面技术和自动化表面技术为核心的再制造关键技术群。在近十年的机电产品再制造试点示范、产品认定、技术推广、标准建设等工作基础上,亟待进一步聚焦具有重要战略作用和巨大经济带动潜力的关键装备,开展以高技术含量、高可靠性要求、高附加值为核心特性的高端智能再制造,推动深度自动化无损拆解、柔性智能成形加工、智能无损检测评估等高端智能再制造共性技术和专用装备研发应用与产业化推广。未来15年是我国再制造产业依靠科技、体制和管理创新,走绿色、智能、高端发展之路,调整产业结构,转变发展方式,实现再制造产业由大变强的关键时期。根据面向2030年我国再制造技术发展路线图的发展规划(见表6.5),在政策支持与市场发展的双重推动下,我国再制造工程将主要向"绿色、优质、高效、智能"方向发展。

表 6.5　2030 年我国再制造技术发展路线图的发展规划

内容	2030 年目标
典型产品或装备	实现飞机、船舶、高速铁路等高端交通运输装备及零部件,水利、核电发电机组用汽轮机等复杂贵重装备及零部件,医疗、家用与办公等电子设备的再制造,拥有多家世界著名再制造企业及再制造集聚产业区
再制造技术目标	突破电子信息类零部件的再制造技术方法 废旧机械产品的再制造率达 80% 再制造产业规模达到制造业的 10% 再制造就业模式占制造业的 20%
再制造拆解与清洗技术	再制造自动化拆解技术与装备 绿色清洗新材料、技术与自动化装备 生物酶清洗技术与装备
再制造损伤检测与寿命评估技术	再制造毛坯剩余寿命评估技术设备 典型毛坯剩余寿命评估工艺规范 再制造产品服役寿命评估技术与设备
再制造先进成形与加工技术	微纳米零部件及功能零部件 现场快速再制造成形技术 三维体积损伤机械零部件的再制造成形技术 多工艺、多工序复合加工再制造成形技术 机器人自动化焊接再制造与数控铣削加工技术
再制造系统规划设计技术	基于多因素的再制造性论证体系 集约化再制造生产系统设计技术 科学的再制造逆向物流规划方法 再制造信息管理系统开发与应用

下一阶段,我国再制造标准化工作应坚持问题导向,全面贯彻绿色发展理念,落实《中国制造 2025》,加快推进再制造产业发展,按照国务院标准化工作改革的要求,充分发挥行业主管部门在标准制定、实施和监督中的作用,强化再制造标准制修订,扩大标准覆盖面,加大标准实施监督和能力建设,健全再制造标准化工作体系,切实发挥标准对我国再制造产业发展的支撑和引领作用。同时,坚持统筹推进和协同实施,加强顶层设计,在协调各类标准需求的基础上,统筹推进国家标准、行业标准、地方标准、团

体标准和企业标准制修订,构建定位明确、分工合理的再制造标准体系,充分发挥行业主管部门、行业协会、社会组织、第三方机构、重点再制造企业的积极性,积极申请再制造国际标委会,制定再制造国际标准,推动全球再制造一体化发展。面向 2030 年的我国再制造国家标准体系构建技术路线图如图 6.10 所示。

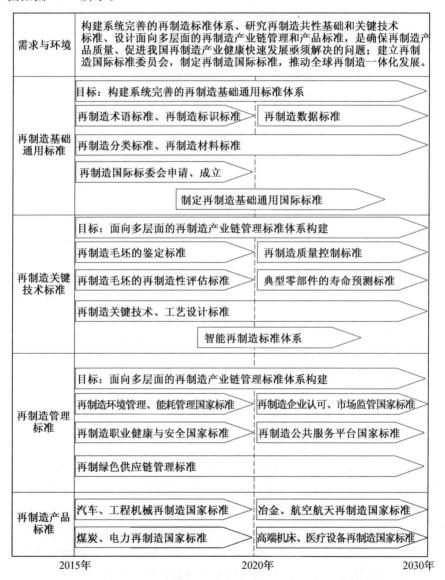

图 6.10　面向 2030 年的我国再制造国家标准体系构建技术路线图

6.4 我国再制造标准化发展建议

1. 完善再制造标准体系,加强再制造标准顶层设计

为适应再制造发展新形势,应加快完善再制造标准体系建设,全面贯彻落实《中国制造 2025》,以促进再制造产业创新发展为主题,加强顶层设计和统筹规划,运用系统的分析方法,针对再制造标准化对象及其相关要素所形成的系统进行整体标准化研究;以再制造整体标准化对象的最佳效益为目标,按照立足国情、需求牵引、统筹规划、急用先行、分步实施的原则,加强基础通用标准和关键核心标准制修订。

2. 推动"产学研用"合作,加快再制造关键亟须标准制定

推动高校、科研院所及再制造试点企业合作开展再制造标准体系研究工作,明确再制造标准体系的总体要求、建设思路、建设内容和组织实施方式,从产品生命周期、应用行业领域及再制造核心要素 3 个维度构建再制造标准体系参考模型。依据技术可行性、需求迫切性、质量可靠性等属性,筛选当前再制造企业亟须的关键技术,优化再制造标准立项过程。鼓励和支持各标准化技术组织、地方行业主管部门和社会团体等建立统一的协调机制,推进再制造标准实施与监督。同时,鼓励再制造行业相关的企业、科研院所、学会组织及产业技术联盟开展再制造团体(联盟)标准研究,协调相关市场主体共同制定满足市场和创新需要的标准,增加再制造标准的有效供给,充分发挥标准的基础支撑、技术导向和市场规范作用,提高再制造效率、降低再制造费用、保证再制造产品质量。

3. 积极申请再制造国际标准化技术委员会(ISO/TC),开展再制造国际标准研究

随着我国"一带一路"倡议的实施和国家自贸区建设的深化,再制造国际贸易迎来发展机遇,再制造技术标准和规范在国际贸易中所起的作用日益突出。目前国际上尚未成立专门的再制造国际标准化技术委员会,因此,需加强国际交流合作,推动申请再制造 ISO/TC,积极主导再制造国际标准的制定,为各国企业开展再制造业务提供技术支持,促进再制造投资贸易和全球再制造产业发展。

4. 加强再制造标准化工作人才培养,提高再制造标准质量

利用多种渠道广泛开展标准化知识培训,培养再制造研究者、管理者、生产者的标准化意识。针对再制造从业者开展标准化培训工作,有针对性地提升标准化从业人员的理论水平、职业技能和综合素质,让掌握再制造专业知识的技术和管理人员了解并积极参与再制造标准化工作,推动加强再制造标准化技术支撑力量,提高再制造标准的质量和水平,推动再制造标准的应用。

5. 加强再制造标准的宣贯与应用服务

充分利用各种渠道,积极开展再制造标准宣贯及产业化落地工作,支持再制造重点领域标准研制和标准验证公共服务平台建设,组织各标委会、协会、社会团体、再制造重点企业加强对重点标准的应用咨询和服务工作,将再制造试点示范工作与标准化工作紧密结合,在再制造试点企业中了解标准化需求,并将标准在再制造试点企业中得以应用,将再制造标准作为贯彻再制造国家发展战略的重要途径。全面支撑再制造产品、再制造企业、再制造产业示范区和产业基地、再制造绿色供应链示范项目创建,以点带面,强化再制造标准实施力度。

本章参考文献

[1] 徐滨士. 新时代中国特色再制造的创新发展[J]. 中国表面工程, 2018, 31(1):1-6.

[2] 中国机械工程学会再制造工程分会. 再制造技术路线图[M]. 北京:科学普及出版社, 2016.

[3] 李春田. 标准化概论[M]. 北京:中国人民大学出版社, 2007.

[4] 张秀芬, 奚道云. 机电产品再制造产业标准化探索[J]. 中国标准化, 2012(8):93-96.

[5] 孙玉婷, 刘春霞, 熊绍东. 煤机装备再制造标准体系的设计与实施研究[J]. 标准科学, 2016(12):12-16.

[6] 李恩重, 张伟, 郑汉东, 等. 我国再制造标准化发展现状及对策研究[J]. 标准科学, 2017(8):29-34.

第7章 再制造质量管理

7.1 再制造质量管理的特点

再制造是遵循循环经济的要求,以产品全寿命周期理论为指导,利用先进表面工程技术及加工技术,对废旧产品(系统、装备、设施、零部件)进行性能修复及提升的生产过程,要求生产出来的再制造产品的质量性能不低于同类的新产品。再制造过程的原材料供给、生产加工、产品营销、物流渠道建立等都与一般的制造生产有很大的差别,传统的管理方法在再制造环境下不能完全适用,因此,再制造生产过程控制(管理)系统的完善对于再制造水平的提高至关重要。在全面质量管理(Total Quality Management,TQM)思想的指导下,探讨再制造过程的质量控制及管理方法,对于提高再制造产品质量水平及再制造工程的良性发展有着重要的现实意义。

再制造过程与传统的生产制造过程有着显著的不同,再制造商与原始设备制造商(Original Equipment Manufacturer,OEM)相比,面临着不同的技术及管理问题。在再制造体系中,主要的关键技术包括再制造性设计技术、再制造零部件剩余寿命评估技术、无损拆解与分类回收技术、绿色清洗技术、再制造加工技术、快速成形再制造技术及运行中的再制造技术等。这些关键技术中又包括若干具体的运作或操作技术,因此,对再制造进行生产管理、质量管理面临着新的形式,相对要复杂得多,主要体现在以下4个方面。

(1)产品设计。

传统生产制造由顾客及经济效益驱动,虽然也考虑社会效益,但是一般较少在设计过程中加入产品的可再制造性设计。而再制造生产由顾客及社会效益驱动,设计过程中考虑可再制造性(如可拆卸性能等)。

(2)再制造毛坯质量控制。

传统生产制造依靠供应链中固定的物流网络,毛坯生产具有固定的生产工艺路线,质量标准固定,按照固定的抽检方案进行抽检,库存水平遵循生产规律,可用传统的库存控制方法控制。而再制造生产的开展要依靠逆向物流网络的建立,在对回收件的可冉制造性确认之后,毛坯要经过回收产品的拆卸获得,质量水平具有随机性,差异很大,质量检验具有复杂性,由回收率决定的回收件库存水平具有随机性,无法用传统的库存控制方法控制。同时,由毛坯件的尺寸规格不一而导致加工路线及加工时间不一致(如喷涂、刷镀等)。

(3)零部件加工。

与毛坯生产类似,传统生产制造具有固定的生产工艺路线,生产加工过程质量在一定范围内可控。在对毛坯加工成标准零部件的基础上,再制造零部件加工过程具有固定的生产工艺路线,生产加工过程质量可控。

(4)装配、调试。

传统生产制造的装配及调试具有固定的程序,除了一些特殊产品,一般进行抽检。此时,再制造产品的装配、调试也具有固定的程序,除了一些价值不高的批量生产件,一般非破坏性地进行全检。

7.2 再制造质量管理的特殊性及要求

在传统的生产制造模式中,有着相对成熟稳定的生产管理及质量管理方法来指导相关工作的开展,其中 ISO 9000 族质量管理体系体现了很好的通用性。再制造生产过程与上述两种生产模式不同(虽然与多品种小批量生产模式有相似性),决定了其质量管理过程也具有特殊性。

1. 传统的质量控制方法具有抽检特性,再制造的要求是加工前全检

再制造过程的原材料可以分为两种:一种是通过对回收产品的拆卸得到的可用于再制造的回收件(Core),另一种是新品件。对于新品件可以采用传统的基于统计分析的方法控制,但是对于回收件不适合采用统计控制。由第 1 章中所提出的特征可知,由于回收产品的损坏状态不一,在对其进行可再制造性分析的基础上要进行拆卸、清洗、打磨等加工前步骤,形成原材料库,而这些原材料的质量状态(如磨损、应力破坏等)也是不一致的,此时要求对其进行全检,以采取相对应的加工前处理手段,这些处理手段同样也具有不确定性或单一性。因此,在对产品进行质量控制及预防方面,传统的休哈特控制图及相关方法已不再完全适用。

再制造加工过程中也会受到一些条件(如 5M1E)的制约,如图 7.1 所示,生产出来的再制造产品质量水平也是不一致的,这些都造成了再制造质量控制方法的复杂性。

7.2 再制造质量管理的特殊性及要求

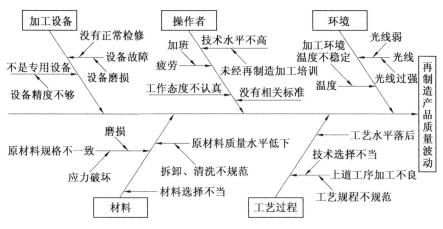

图 7.1 影响再制造产品质量的主要因素

2. 再制造毛坯的质量特性呈现复杂化及多样化的特点

再制造毛坯是通过逆向物流体系回收的废旧产品,已经经历过一个或若干个生命周期,因为表面或者内部损伤而不能继续使用。再制造的目的就是选择具有再制造价值的废旧产品进行再制造加工,恢复或提升其原有的质量特性。废旧产品的来源是消费者市场,每一个废旧产品所经历的服役过程不完全相同,报废的原因也多种多样,主要有表面裂纹、摩擦磨损、腐蚀及内部的应力集中、疲劳断裂和整体的蠕变等形式。因此,要根据再制造毛坯的状态进行再制造性评估,选择合适的再制造加工工艺及加工过程。再制造性评估的一个重要方面就是技术可行性评估,主要内容包括可拆解性、质量检测的可靠性、质量特性恢复能力以及与其他零部件的相容性、加工效率等。

3. 再制造产品具有多生命周期,追求持续的质量改进

传统的生产制造产品只有一个生命周期,产品及其零部件质量水平随着时间的推移呈下降趋势,失效以后功能丧失。而再制造产品具有一个以上的生命周期,产品及其零部件失效以后经过一定的技术处理进入下一个生命周期,其质量不应低于上一个生命周期的质量水平,这必然要求相对应的管理模式及加工技术的跟进。这就要求在对新产品进行质量策划的时候要综合考虑产品能进入下一个生命周期的相关技术参数,如产品的可再制造性、可回收性、可拆卸性、性能升级性、经济性等。在对再制造产品进行质量控制的时候要严格遵循相关技术标准、工作标准及管理标准,以确保再制造产品的质量水平不低于同类新产品。

4. 再制造过程要追求低成本消耗

质量管理模式的变化，必然会导致质量成本的改变。质量成本由预防成本、鉴定成本、内部故障成本和外部故障成本4部分组成。再制造生产的质量成本和传统生产制造的质量成本有着一定的区别，若在对传统单一生命周期产品进行质量策划的基础上进行产品的可再制造性设计，则会造成预防成本的增加，因为再制造产品的原材料是废旧产品，回收以后要进行全检，此时，上游的供应商不再分担检验费用，对再制造企业来说，质量鉴定成本也较传统生产模式有所增加。在对废旧产品进行拆卸、清洗等处理时，相应的质量保障费用也在增加。而故障成本的增减并无定论，但是如果考虑再制造过程中采用先进的加工技术，保障产品质量水平在一个较高的层次，则可以推断质量故障成本是下降的。而总质量成本是增是减需要具体情况具体分析。在对再制造成本进行分析时，要考虑的因素并非只有质量成本，还包括原材料成本、逆向物流成本、库存成本、加工成本等，总成本的降低是对再制造经济效果的保证，因此，如何在保证质量的同时不断降低质量成本也是再制造质量管理内容之一。

从具体工序及操作技术上对再制造过程进行质量控制已有相关文献说明，本节主要从管理的角度来探讨再制造质量管理的方法。基于以上特点分析，再制造质量管理的要求主要如下。

(1)研发再制造专用技术及装备。

再制造技术及设备的研发是再制造质量管理的硬件基础，从根本上保证了再制造产品及过程的质量。废旧产品或其零部件能否用于再制造，对其进行识别、检测、评估的方法至关重要，为了避免对废旧产品造成二次破坏，一般采用无损检测技术对其进行辨识评估，无损检测技术一般有金属磁记忆、超声、涡流等方法。在废旧产品的损伤状态检测出来后，还要对其进行剩余寿命评估，以确定其是否可以满足下一个生命周期的需要，剩余寿命是再制造毛坯在规定条件下可以继续工作的时间，剩余寿命评估就是根据产品在规定条件下的失效机理、失效模式来估算产品的安全服役寿命，并提出产品材料性能改良及延长寿命的可行方法。产品的剩余寿命评估目前还没有相对成熟的规模化应用，对于再制造的质量保证是一个先决问题，需要根据再制造产品的特点有针对性地研发专用技术及设备。另外，在再制造成形过程中，根据再制造对象的不同，应选择不同的加工技术、加工工艺、成形材料等，为了提高再制造产品质量及再制造生产加工效率，也应有针对性地研发专用技术及装备。

(2)建立健全再制造技术标准及管理标准。

标准化工作是质量管理的基础工作之一,标准是衡量产品质量好坏的尺度,也是开展生产制造、质量管理工作的依据。本节探讨的再制造标准包括再制造技术标准、工作标准和管理标准。技术标准包括再制造相关技术的物理规格和化学性能规范,用作质量检测活动依据。工作标准和管理标准内容广泛,包括再制造件的设计、回收、拆卸、清洗、检测、再制造加工、组装、检验、包装等操作的规范性步骤、方法及管理依据。

再制造过程会受到各种因素的影响(图 7.1),异常因素引起异常波动,偶然因素引起偶然波动(随机波动),见表 7.1。建立再制造相关标准的目的之一就是在生产过程中为质量控制提供发现并消除异常波动、尽量减少偶然波动的依据,以确保再制造产品的质量达到要求。

表 7.1 再制造生产过程波动原因

因素	异常波动	偶然波动
起因举例	机床或相关设备工作前预热不够	机床运行振动、工作环境温度变化
	工作电流供应不稳定	原材料尺寸、化学成分有随机差异
	设备磨损或没有进行定期检修及清洗	清洗液、电刷镀溶液浓度不同
	操作人员不专业或是精力不集中	喷涂电压、喷涂电流的随机波动
	……	……

需要指出的是,再制造的对象产品不同(如汽车发动机再制造和轮胎再制造),则对应的产品再制造标准也不同,各类再制造企业应按照所生产的产品特点来选用合适的国家、行业标准或制定适合的再制造相关企业标准。表 7.2 为部分再制造相关的国际/国外标准及国内标准。

表 7.2　部分再制造相关的国际/国外标准及国内标准

国外/国际标准(号)	中国再制造国家标准
ISO 13534—2000	GB/T 28618—2012,《机械产品再制造 通用技术要求》
CGSB 43.126—98—CAN	GB/T 28619—2012,《再制造 术语》
	GB/T 28620—2012,《再制造率的计算方法》
SAE J1915—1990	GB/T 31207—2014,《机械产品再制造质量管理要求》
SAE J1916—1989	GB/T 31208—2014,《再制造毛坯质量检验方法》
SAE J2073—1993	GB/T 32809—2016,《再制造 机械产品清洗技术规范》
SAE J2075—2001	GB/T 32810—2016,《再制造 机械产品拆解技术规范》
SAE J2237—1995	GB/T 32811—2016,《机械产品再制造性评价技术规范》
SAE J2240—1993	GB/T 33221—2016,《再制造 企业技术规范》
SAE J2241—1993	GB/T 33947—2017,《再制造 机械加工技术规范》
SAE J2242—1993	GB/T 34631—2017,《再制造 机械零部件剩余寿命评估指南》
API RP 6DR—2006	
API RP 621—2005	GB/T 35977—2018,《再制造 机械产品表面修复技术规范》
……	GB/T 35978—2018,《再制造 机械产品检验技术导则》
	GB/T 35980—2018,《机械产品再制造工程设计 导则》
	……

(3)建立健全再制造质量管理体系。

在标准化工作的基础上,以朱兰质量管理三部曲(质量策划、质量控制、质量改进)为指导思想,以通行的 ISO 9000 族质量管理体系为参考,建立健全再制造质量管理体系。其中要体现质量策划工作是重点,质量策划对产品寿命期的长短有着决定性的影响,因为质量策划决定了质量目标,质量策划也同样影响着产品的可再制造性及其在多个生命周期的质量情况。而为了实现再制造质量策划的目的,必不可少的后续工作即是质量控制及质量改进,这里不仅是技术方面的控制,也包括管理方面的控制。质量工具箱为上述各项工作提供了可用的方法和技术。

再制造质量管理体系确定了再制造管理职责,包括原材料管理、再制造产品实现过程管理和过程监控、改进等。各企业可以根据自己的实际情况进行建立管理体系,相关部门也可以促进国家标准及其对应的认证、审核程序尽快颁布,使再制造企业可以有选择地参考使用,这对于规范再制造行业的质量管理有着重要的意义。

7.2 再制造质量管理的特殊性及要求

(4)建立再制造供应链网络。

伴随着废旧产品回收的主要因素是逆向物流网络的建立及运行,目前对再制造逆向物流网络建立及优化的研究并不多见,特别是对于前向物流和逆向物流同时存在的情况,物流系统的不完善造成了供应链网络构建的困难。在传统生产制造的供应链中,上游企业在质量管理方面要承担一定的质量预防费用,上游企业在向下游企业输送产品(原材料、半成品、成品等)的时候,要对产品进行出厂检验,下游企业在接收到产品的时候虽然也要进行质量检验,但这是在供应企业出具质量管理体系认证认可资质的基础上按照一定规则进行的抽检,检验费用相比再制造企业大大降低。

在再制造生产模式下,对于回收产品的质量检验主要由再制造企业来做。若能使产品的回收、储存、物流、加工前处理(拆卸、清洗、打磨等)、再制造加工及再制造产品的营销等活动在全社会范围内开展,而不是由某一家或几家再制造企业包办,在这种情况下,实行各项非核心工作的外包,则形成稳定而有活力的闭环供应链,社会分散了再制造的质量策划、质量控制等管理费用,如图 7.2 所示。

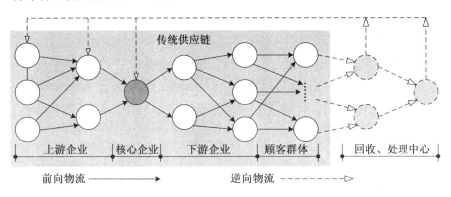

图 7.2 再制造环境下的闭环供应链示意图

图 7.2 中灰色方框区域为传统供应链网络,在产品走向一次生命周期终端的时候,通过回收、处理中心进行产品回收、储存、加工前处理,然后由有能力的企业进行再制造,开始产品的下一个生命周期。图中的回收、处理中心可以是社会上新加入的企业,也可以是传统供应链中的某些企业。

要达到这个目标还需要长远的工作过程,可以考虑在社会上大力宣扬再制造理念,实施产品回收激励措施,逐步扩大目标市场,争取更优惠的政策,以吸引更多有实力的企业加入到再制造行业中来。

7.3 再制造质量管理方法

再制造质量管理的主要内容包括对再制造全过程的质量控制方法的研究以及再制造质量管理体系的建立等。

7.3.1 再制造质量控制内容

基于表面工程技术的中国特色再制造质量控制体系包括再制造毛坯质量控制、再制造成形过程质量控制及再制造成品质量控制,如图 7.3 所示。

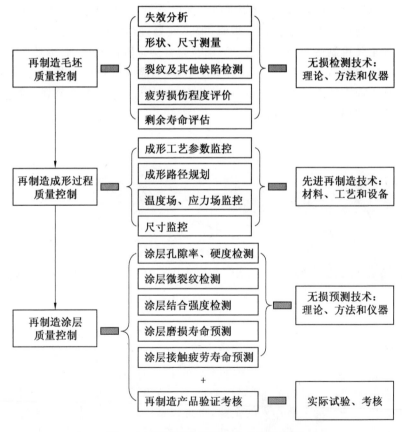

图 7.3 再制造质量控制体系构成简图

在再制造过程中,废旧产品作为"毛坯",通过多种高新技术在废旧零部件的失效表面生成涂覆层,恢复失效零部件的尺寸并提升其性能,获得再制造产品。因此,再制造产品的质量是由废旧产品(即再制造毛坯)原始

7.3 再制造质量管理方法

质量和再制造恢复涂层质量两部分共同决定。其中,废旧产品原始质量是制造质量和服役工况共同作用的结果,尤其服役工况中含有很多不可控的随机因素,一些危险缺陷常常在服役条件下生成并扩展,这将导致废旧产品的制造质量急剧降低。而再制造恢复涂层质量取决于再制造技术,包含再制造材料、技术工艺和工艺设备等。再制造零部件在使用过程中,依靠再制造毛坯和修复涂层共同承担服役工况的载荷要求,只要控制再制造毛坯的原始质量和修复涂层的质量就能够控制再制造产品的质量。

(1) 再制造毛坯质量控制。

再制造前,质量不合格的废旧产品将被剔除,不进入再制造工艺流程。如果废旧零部件中存在严重的质量缺陷,那么无论采用的再制造技术多么先进,再制造后零部件形状和尺寸恢复得多么精确,其服役寿命和服役可靠性也难以保证。只有在服役过程中没有产生关键缺陷的废旧零部件才能够进行再制造,依靠高新技术在失效表面形成修复性强化涂层,使废旧零部件尺寸恢复、性能提升、寿命延长,这是再制造产品质量能够不低于原型新品的前提。针对已经历一个服役周期的废旧零部件,为保证再制造毛坯的质量,在失效分析的基础上,综合采用多种无损检测技术手段,首先判断再制造毛坯表面和内部有无裂纹及其他类型缺陷。重要的关键零部件,发现裂纹即判废,决不再制造;未发现裂纹及其他超标缺陷的关键零部件,尚需采用先进无损检测技术评价其废旧损伤程度、再制造价值大小,确定能支持一轮或几轮服役周期;对非重要承载零部件,根据失效分析理论,结合零部件的标准分析缺陷状态,评价生成的缺陷是否超标,超标者不可进行再制造,不超标者才能进入再制造成形工序。

(2) 再制造成形过程质量控制。

在再制造表面涂层的成形加工工序中,根据再制造毛坯质量评价结果,采用适当的再制造加工技术(如纳米电刷镀技术、高速电弧喷涂技术、激光熔覆技术、微束等离子快速成形技术、自修复技术等),在毛坯损伤表面制备高性能的再制造涂层形成再制造产品。这一环节的质量控制要针对再制造毛坯质量评估阶段发现的缺陷形状位置、尺寸大小和再制造零部件的标准要求,选择和应用适宜的涂层材料和成形工艺,建立再制造技术的工艺规范,保证高性能涂层质量及涂层与再制造毛坯基体良好结合,获得预期的性能。先进再制造技术的研发主要在实验室中完成,并在生产实践中考核。

(3) 再制造涂层质量控制。

目前在中国再制造中所使用的表面工程技术主要包括高速电弧喷涂

技术、纳米复合电刷镀技术、微/纳米等离子喷涂技术、微束等离子焊接技术、微脉冲冷焊技术等，主要用于缸体、曲轴、连杆等汽车发动机零部件及部分机床等机电产品的再制造加工。经表面工程技术加工后的产品关键质量特性主要包括涂层的组织形貌、孔隙率、结合强度、力学性能、硬度、耐磨性、抗接触疲劳性能及抗高温性能等，见表 7.3。再制造涂层的质量和性能直接关系到再制造产品的服役性能。针对采用先进表面工程技术再制造的零部件，其表面涂层质量采用高新技术进行无损检测评估，利用超声、交流阻抗、声发射等技术评价表面涂层中的孔隙率、微裂纹等缺陷状态，以及硬度、残余应力、强度以及涂层/基体结合情况等，综合给出再制造产品的服役寿命。

表 7.3 再制造涂层质量影响因素

再制造工艺	关键质量特性	影响因素	涂层质量要求
高速电弧喷涂技术	喷涂层的组织形貌、孔隙率、结合强度、硬度、耐磨性等	表面预处理质量、喷涂工艺规范、压缩空气质量、雾化气流压力与流量、喷涂距离等	喷涂层表面无裂纹、翘起、脱落等现象
纳米复合电刷镀技术	刷镀层的表面形貌、结构特征及硬度、耐磨性能、抗接触疲劳性能及抗高温性能等	表面预处理质量、刷镀工艺规范、镀笔与工件的相对运动速度等	镀层应均匀，光泽鲜亮，且经过机械加工后镀层无脱落、掉皮、缺损现象，加工后的加工面镀层分布均匀，组织细密即达到使用要求
微束等离子焊接技术	焊接层的力学性能、合金成分、结合强度等	表面预处理质量、焊接工艺规范等	焊接层应表面均匀，敲击时无剥落、断层等现象发生，经过对焊接零部件的机械加工后，焊接层不出现脱落、剥离，经过 200 h 磨合性能试验后焊接处完好，摩擦表面均匀，即达到使用要求

其后,还要通过台架试验或实车考核等对再制造产品进行整体综合评价。在再制造工艺、材料、质量控制手段优化固定或形成技术规范之前,针对首次获得的再制造件,还必须通过台架试验或实车应用考核等进行综合考核试验,以确保所采用的再制造技术方案和质量控制方案能够保证再制造产品质量。

7.3.2 再制造质量控制方法

从再制造技术的角度来保证再制造过程的质量主要有合理制订各种加工工艺参数、正确选择再制造加工材料等内容。而从管理的角度来讲,选择合适的质量控制方法也是当前再制造发展过程中亟须解决的问题之一。

在新品制造过程中,各种质量控制、质量改进方法和工具发挥着各自的作用,如统计过程控制等。在再制造生产过程中,产品的质量特性影响因素呈现出多样化、复杂化的特点,另外,因为我国再制造产业处于起步发展阶段,再制造的生产以企业试点的形式开展,还没有形成大规模批量化的生产,所以在实际情况中再制造的生产还呈现出了小批量的特点,这些特点都决定了统计过程控制方法已不再完全适用于现今的再制造生产过程。当前,针对多品种、小批量的生产模式,出现了人工神经网络(Artificial Neural Networks,ANN)、支持向量机(Support Vector Machine,SVM)等工具的使用,并取得了一定的成果,在前文中已讨论。这些工具的学习能力及泛化能力强、建模精度高,对于多影响因素的过程模拟能力较强,在质量控制的某些方面可以用于再制造质量控制中,如质量预测。

下面以微束等离子焊接技术这一再制造工艺中的等离子气流量对变极性等离子弧(Variable Polarity Plasma Arc,VPPA)电弧力的影响预测为例说明。在 VPPA 焊接过程中,熔池液态金属主要受到熔池自身重力、表面张力及电弧力等的共同作用,这些力决定了熔池的形态及最后的焊缝成形,影响了最终产品的质量。VPPA 压力直接作用在熔池表面,对熔池的成形具有直接的影响,而钨极内缩量、等离子气流量、正反极性电流及其频率等因素都对 VPPA 压力造成影响,其中等离子气流量的影响较为显著,开展相应的测量及预测工作将对试验及实际工作的进行具有一定的指导意义。气流量变化对 VPPA 压力研究将基于 Matlab 采用多项式、人工神经网络(ANN)及支持向量机(SVM)等方法对等离子气流量与 VPPA 压力的关系进行分析及预测。

在一定条件下,测得等离子气流量对 VPPA 压力的影响如图 7.4 所示。

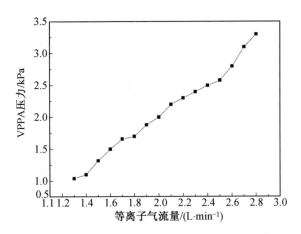

图 7.4 等离子气流量对 VPPA 压力的影响

分别用多项式模型、人工神经网络和 SVM 预测模型对实际历史数据进行对比预测试验。在各项试验中均以序号为 1~13 的共 13 个实际历史数据作为已知样本,对序号为 14~16 的数据进行预测,并与相应序号的实际压力数据值进行对比以评价各种方法的预测精度。

多项式回归模型阶次分别取 3 阶、5 阶,具体算法利用 Matlab 6.5 提供的 polyfit 函数实现;人工神经网络预测模型数序空间长度 n 取 4,实现算法由 Matlab 6.5 中的 ANN 工具箱提供,其学习率 $\alpha=0.1$,训练步数设为 10 000 步,对应于数序空间长度的隐含层神经元个数取 9。SVM 回归算法可通过专用工具箱(下载网址 $http://asi.insa\_rouen.fr/arakotom$)实现,其平衡因子 $C=500$,拟合精度 $\varepsilon=0.01$,核函数均选用回归精度较高的 RBF 径向基 $\psi(x,y)=\exp[-(s-y)(x-y)^2/2\delta^2]$,本算例中径向基参数 $\delta=0.1$,定义均方误差 $\mathrm{MSE}=\sum_{i=1}^{n}(\hat{y_i}-y_i)^2/n$ 为检验指标,用于比较各方法回归预测精度,其中 $\hat{y_i}$ 为模型输出,y_i 为实测值,n 为样本个数。用所建的多项式、人工神经网络、SVM 模型对历史数据进行预测的结果如图 7.5 所示。

7.3 再制造质量管理方法

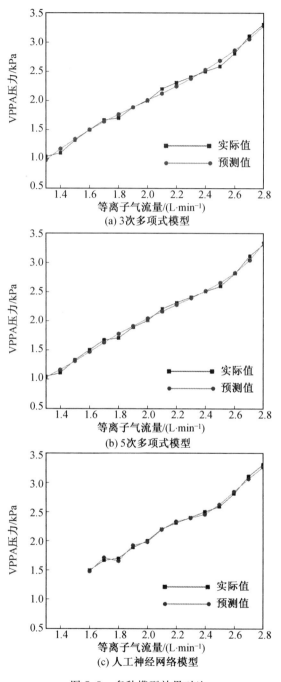

图 7.5 多种模型效果对比

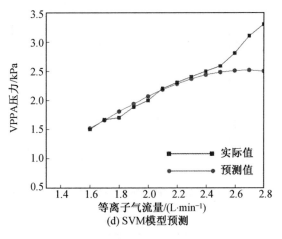

(d) SVM模型预测

续图7.5

在对多项式、人工神经网络及 SVM 模型测试时,先输入训练样本束检测模型的回归能力。由于这些样本在训练模型时已经使用,对于模型而言,其输出已知,因此这部分测试其实质是"样本检验",不是严格意义上的"预测",因此序号为 1~13 的数值严格讲应为"样本回归检验",序号为 14~16 的数值为"预测值"。

表 7.4 给出了上述方法构造预测模型的耗时和精度对比。

表7.4 用多项式、人工神经网络、SVM 方法建模对比

建模方法	3 次多项式	5 次多项式	人工神经网络(9,1)	SVM
CPU/s	0	0	20.1	0.3
MSE	2.4×10^{-3}	5.0×10^{-3}	1.1×10^{-3}	3.4×10^{-3}

从表 7.4 中可以看出,多项式模型在建模上耗时最少,SVM 模型次之,人工神经网络模型建模耗时较多,远远多于多项式及 SVM 模型;在建模精度上,5 次多项式模型拟合误差最大,人工神经网络模型误差最小,3 次多项式与 SVM 模型拟合误差则相当。

各方法的预测结果相对误差对比见表 7.5。

表 7.5 多项式、人工神经网络、SVM 模型预测结果相对误差对比   %

序号	3 次多项式	5 次多项式	人工神经网络(9,1)	SVM
14	1.8	0.4	1.4	10.3
15	1.6	2.3	1.3	19.0
16	0.6	0.6	1.2	24.2

由图 7.5 和表 7.5 可知,利用人工神经网络模型和多项式模型进行数据预测的误差较小,能较好地反映数据的变化趋势,且利用人工神经网络模型的误差较为平均,下一步的工作可选取更多的样本进行建模及预测,如果相对误差依然相差不大,可以采取一个补偿函数对其进行补偿,以获取更高的预测精度和更好的预测结果。本例中 SVM 模型虽建模精度较好,但是在泛化方面出现一定的能力不足,这与 SVM 参数的确定及样本数量的多少有一定的关系,在实际运用中要加以调整,可以获取更好的结果。

7.4 再制造质量管理体系

再制造产品的质量管理不仅要有适合的技术,也需要一个健全的质量管理体系来进行保障。ISO 9000 系列标准为企业提供了一个质量管理体系的框架,再制造企业在建立再制造质量管理体系时应参考使用,但是再制造企业的再制造生产具有诸多的特殊性,因此,在参考 ISO 9000 的同时也要结合再制造实际。

采用质量管理体系应该是再制造企业的一项战略性决策,再制造企业质量管理体系的设计和实施受下列因素的影响:

(1)企业的环境,该环境的变化或与该环境有关的风险。
(2)企业的变化需求。
(3)企业的特定目标。
(4)企业所采用的过程。
(5)企业所提供的产品。
(6)企业的规模和组织结构。

如图 7.6 所示,以过程为基础的质量管理体系模式反映了在规定输入要求时,顾客起着重要作用。对顾客满意的测量,要求再制造组织对顾客关于组织是否已满足其要求感受的信息进行评价。

再制造组织应识别如图 7.6 所示的过程,以建立质量管理体系。

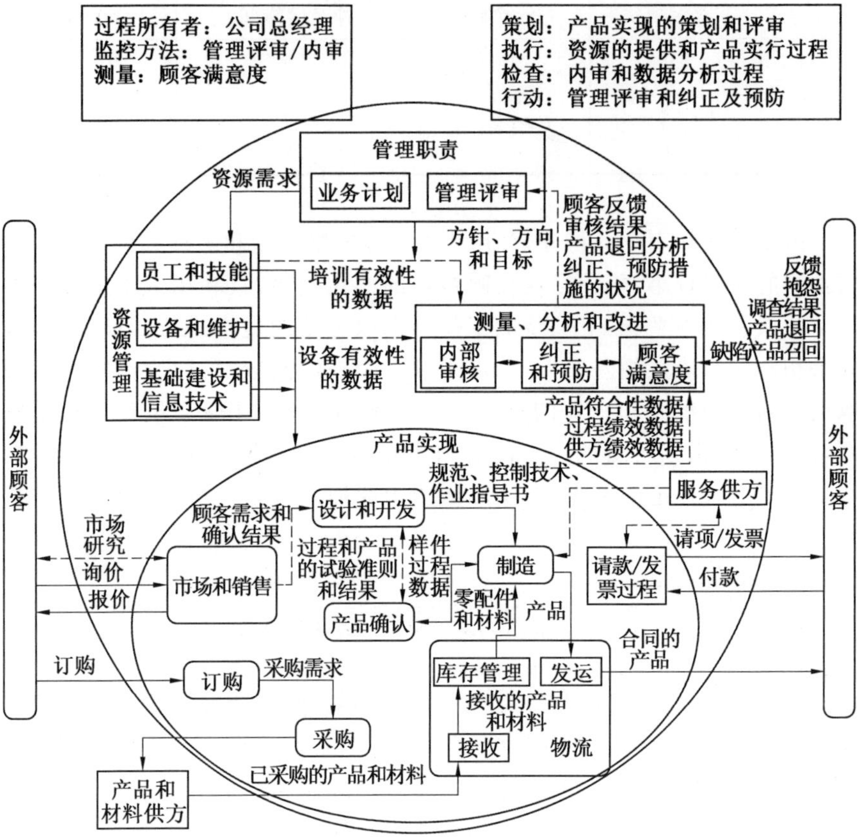

图 7.6　以过程为基础的质量管理体系模式

按照图 7.6 所示,再制造质量管理体系规定的过程包括管理过程、核心过程和支持过程。管理过程是指再制造产品的质量策划、质量控制、质量改进过程;核心过程是指再制造产品的设计研发、生产制造、市场营销过程;支持过程是指再制造生产过程中为管理过程、核心过程提供支持的必不可少的过程。

7.4.1　管理过程

1. 质量管理体系策划

再制造组织首先应在工商行政主管部门注册登记,领取营业执照或变更经营业务范围后,增加再制造产品经营范围,方可从事再制造业务。

再制造质量管理体系应是针对再制造组织建立的,质量管理体系应是针对再制造产品的控制,或在原质量管理体系的基础上增加再制造产品范围。

质量管理体系策划的输出应包括文件化的质量方针、质量目标、质量手册、程序文件、三层次文件及质量记录。

2. 质量方针和质量目标策划

再制造组织的最高管理者应就再制造项目确定质量方针。再制造组织的质量方针应体现加快发展循环经济,建设节约型社会和环境友好型社会的宗旨。

再制造组织的最高管理者必须确保在组织相关职能和层次上建立质量目标。再制造组织的质量目标应确保再制造产品的质量、特性符合原型产品相关标准的要求。

3. 业务计划策划

再制造组织应进行市场分析,制订再制造产品销售的市场战略和业务计划,使再制造组织逐步形成可依靠再制造产品盈利。再制造组织应制订短期、中期和长期业务计划,并定期评审业务计划完成情况。

4. 管理评审

再制造组织应定期对覆盖再制造产品的质量管理体系进行评审,评审必须包括评价组织的质量管理体系改进的机会和变更的需要,包括质量方针和质量目标。

再制造组织应根据其组织架构正确识别和策划管理评审会议,管理评审会议应对企业资源提供和体系策划或改进起决定作用。管理评审的记录必须保存。

5. 内部审核

再制造组织应策划内部审核过程,至少一年进行一次。内部审核应包括产品审核、制造过程审核(工艺审核)和体系审核。

产品审核应覆盖所有再制造的产品,并覆盖所有尺寸和性能,策划时应结合考虑全尺寸检验(包括形式试验)的策划。制造过程审核(工艺审核)应包括再制造产品工艺流程中的所有制造过程(工艺)。产品审核和制造过程审核的结果应作为再制造组织体系审核的输入,体系审核要求运用过程方法进行审核。

6. 纠正和预防措施及持续改进

再制造组织应采用适当方法对再制造过程中出现的不合格产品进行原因分析,从产品设计、工艺(制造过程)设计、检验和试验能力方面持续改进,并输入到制程失效模式及影响分析(Process Failure Mode and Effect

Analysis,PFMEA)、设计失效模式及影响分析(Design Failure Mode and Effect Analysis,DFMEA)和控制计划(Control Planning,CP)中。

再制造组织应根据各种反馈结果完善和提高再制造产品设计、工艺开发和再制造生产的能力,逐步达到和提高产品可靠性等质量目标。

7.4.2 核心过程

1. 授权

再制造组织生产的产品应获得原生产企业的授权。

授权应形成书面文件,内容应明确:

(1) 设计资料的授权,技术资料的保密要求,采购和销售环节的授权,三包约定,召回约定等相关产品质量责任约定。

(2) 再制造产品的技术性能和安全质量应当符合原型产品相关标准的要求。

(3) 再制造产品的保修标准应当达到原型产品同样的要求。

(4) 再制造组织和授权企业对再制造产品的质量所承担的责任,明确所承担的保修责任和售后服务。

再制造组织应对该授权合同及相关要求进行评审。评审内容应包括对上述相关授权要求的评审,保证再制造产品满足顾客的要求。

再制造组织在进行新再制造产品的合同评审时,必须对再制造可行性进行分析,包括风险分析。另外,授权合同中应明确相关产品技术资料的保密要求,再制造组织应策划相关技术资料的借阅要求。

2. 市场分析

再制造组织应制订相关程序,主动、准确、及时收集再制造产品的质量信息,并将市场反馈质量信息传递到设计部门,作为再制造产品制造过程(工艺)改进的输入信息。

再制造组织应利用各种渠道收集再制造产品,定期维护数据和再制造产品维修数据,制订顾客满意度评价方法,着重体现再制造产品的质量特性符合原型产品相关标准的要求。

3. 产品和过程设计开发

再制造组织应具备产品再制造的相关技术质量标准和生产规范,再制造产品的质量特性应当符合原型产品相关标准的要求。

再制造组织制造本企业的再制造产品时,应明确再制造的产品和过程(工艺),设计责任由本企业承担;取得授权的再制造非本企业生产的产品的再制造组织,应明确授权企业承担再制造产品的产品设计责任,被授权企业承担再制造过程(工艺)的产品设计责任。

再制造组织如果对授权企业或本企业提供的产品图纸中的尺寸和技术要求进行更改,必须进行设计验证、评审、确认,并承担相关的产品设计责任,同时应明确再制造组织产品和过程(工艺)设计的设计部门、岗位及职责。

4. 产品和过程确认

再制造组织应采用试验对产品设计、产品设计更改、制造过程(工艺)设计、制造过程(工艺)更改进行确认,确保再制造产品的质量特性符合原型产品相关标准的要求。经过确认的再制造产品和制造过程(工艺)的规范/公差和工艺参数应输入到控制计划中,并动态更新。

5. 制造

再制造组织应根据产品质量先期策划(Advanced Product Quality Planning,APQP)、控制计划(Control Planning,CP)编制现场作业指导书,供影响产品质量的过程操作人员使用。作业指导书应覆盖全再制造过程(工艺流程),并在再制造现场提供有效版本,且应及时动态更新。

6. 产品交付及结算

再制造组织自己或委托其他企业在销售、使用再制造产品时有责任主动向消费者说明产品为再制造产品,并提供再制造产品的质量合格证明和售后质量保修证明。再制造组织应制订合理的结算制度,确保再制造组织资金的正常运转。

7. 召回过程及应急计划

再制造组织应按照授权企业的要求和国家质检总局关于召回的相关要求建立自身的召回程序,规定召回的具体实施方法,并与相关销售企业在合作协议中明确相关的义务和责任。再制造组织应制订应急计划应对召回事件,主动及时解决缺陷产品的召回问题。

7.4.3 支持过程

1. 文件管理

再制造组织应建立文件管理程序,技术工程文件应包括产品再制造的相关技术质量标准和生产规范。

2. 记录管理

再制造组织应对再制造的相关记录进行管理和控制。再制造组织应保存和管理有关再制造产品的进货、出货及成品中再制造零部件的相关信息。

3. 人力资源管理

再制造组织中与再制造产品质量有关的工作人员应掌握相关技术,符合相关法律法规的要求,具备策划管理体系的能力。再制造技术部门的人员应掌握再制造产品的相关工程规范,能运用质量工具从事再制造产品工艺设计。质量部门人员应熟悉并掌握和策划再制造产品从零部件检验、过程检验到成品检验的要求。内部审核人员应具有策划和审核再制造组织产品、制造过程和体系的能力。

4. 基础设施管理

再制造组织应具备符合再制造产品范围的制造和环保等基础设施。再制造组织应跟随再制造产品的制造工艺变化,在完成技改项目的同时,完善相关制造和环保基础设施的改造。这些变更应与 APQP 的进度相符,并在现场能被验证。

5. 工作环境管理

再制造组织应按环保法的要求在规定时间内完成环评、批复和验收工作。尤其是在增加再制造产品经营范围时,在规定期限内完成环评、批复和验收的更改。再制造组织应针对再制造工艺并随再制造工艺更改及时申报、评估和获得批复及验收。环评批复有效期过后,若再制造组织还不能取得验收,批复将作废。

6. 设备管理和工装管理

再制造组织应具备拆解、清洗、制造、装配等方面的技术装备和生产能力,并提供与现场一致并符合上述要求的设备清单。再制造组织应根据设备使用说明书策划设备的保养计划和保养项目,并按策划实施保养,以确保制造设备完好,保证正常生产。

7. 采购过程、供应商管理及外协管理

再制造组织应通过售后服务体系回收废旧产品用于再制造,或通过授权企业原型产品的销售或售后服务网络回收废旧产品进行再制造。再制造组织应按照相关规定对供应商进行评价,从有资质的报废回收拆解企业收购废旧产品用于再制造。再制造组织利用国际贸易进口国外废旧产品进行再制造的,应当符合国家有关产业政策、进口废物环保控制及海关、质检等相关规定,防止有毒有害废物进口,再制造组织应能提供每批采供的相关手续。

再制造组织应区别规定拆解的废旧产品和更新件的进货检验要求。对于拆解的废旧产品,再制造组织应具备检测手段。再制造组织应策划出拆解的废旧产品的检验方法和检验规程,并输入到控制计划。对于更新

件,再制造组织可以采用供应商提供的检验报告,或再制造组织自己检测,或委托第三方检测。更新件应源于授权企业的合格供应商,合格供应商名单应在授权合同或附件中明确。若再制造组织自行更换供应商,供应商应符合授权企业的生产件批准程序(Production Part Approval Process, PPAP)。

即使再制造组织使用授权企业的合格供应商,仍不能免除再制造组织的质量责任。

8. 产品检验和试验及生产一致性控制

再制造组织应具备检测鉴定废旧产品及再制造产品主要性能指标的技术手段和能力,并应列明再制造组织实际具备的可鉴定的废旧产品清单、可再制造的零部件清单及可检验的再制造成品清单,并根据这些清单策划产品的检验规程。再制造组织应结合产品质量先期策划过程,在零部件控制计划中体现策划的检验要求,如产品尺寸公差、量具、检具、抽样方案、接受准则等。再制造组织应将制造过程(工艺)的控制要求体现在控制计划中。在控制计划中对再制造产品的性能检验项目应结合型式试验的要求进行规定例行检验和型式试验频次检验。

9. 服务管理

再制造产品除保留授权企业商标外,应加注再制造组织商标,再制造产品应按照国家相关标识制度的有关规定进行标识。再制造组织应策划记录并注明再制造产品总成中,有哪些零部件是再制造产品,哪些是更新件,以便区分再制造组织的质量责任和供应商的质量责任。

本章参考文献

[1] NASR N, HUGHSON C, VAREL E, et al. State-of-the-art assessment of remanufacturing technology — raft document [M]. New York:Rochester Institute of Technology, 1998.

[2] STEVENSON W J. Operations management [M]. 9th ed. Boston: The McGraw-Hill Companies, Inc. ,2007.

[3] 姚巨坤,朱胜,时小军. 再制造毛坯质量检测方法与技术[J]. 新技术新工艺,2007(7):72-74.

[4] 姚巨坤,杨俊娥,朱胜. 废旧产品再制造质量控制研究[J]. 中国表面工程,2006,19(A1):115-117.

[5] 陈翔宇,梁工谦,马世宁. 基于 PMLC 再制造产品的持续质量改进

[J]. 中国机械工程,2007,18(2):170-174.
[6] 李菲,沈虹. 面向再制造的产品质量特性评价方法[J]. 现代制造工程,2008(11):99-102.
[7] 梅书文,杨金生,张福学. 履带拖拉机再制造工程的质量体系及效益分析[J]. 中国表面工程,2002(3):9-13.
[8] 夏乐天. 马尔可夫链预测方法及其在水文序列中的应用研究[D]. 南京:河海大学,2005.
[9] GUIDE V D, JAYARAMAN V, SRIVASTAVA R. Production planning and control for remanufacturing: a state-of-the-art survey [J]. Robotics and Computer Integrated Manufacturing, 1999, 15: 221-230.
[10] 邢忠,姜爱良,谢建军,等. 汽车发动机再制造效益分析及表面工程技术的应用[J]. 中国表面工程,2004,17(4):1-5.
[11] GUH R S, HSIEH Y C. A neural network based model for abnormal pattern recognition of control charts [J]. Computer & Industrial Engineering (S0360-8352), 1999, 36(1):97-108.
[12] GUH R S. Integrating artificial intelligence into on-line statistical process control [J]. Quality and Reliability Engineering International (S0748-8017), 2003, 19(1):1-20.
[13] STEINHILPER R. Product recycling and eco-design: challenges, solutions and examples[C]. Proceedings of International Conference on Clean Electronics Products and Technology, 1995.
[14] BRAS B A, HAMMOND R. Towards design for remanufacturing-metrics for assessing remanufacturability[C]. Proceedings of the 1st International Workshop on Reuse, Eindhoven, The Netherlands, 1996.
[15] FERRER G, AYRES R U. The impact of remanufacturing in the economy [J]. Ecological Economics, 2000, 32: 413-429.
[16] 陈荣秋,马士华. 生产与运作管理[M]. 2版. 北京:高等教育出版社,2005.
[17] 张公绪,孙静. 新编质量管理学[M]. 2版. 北京:高等教育出版社,2003.
[18] WANG D, XU B S, DONG S Y, et al. Discussion on background magnetic field control in metal magnetic memory testing [J]. Non-

destructive Testing，2007(2)：71-73.

[19] SHI C L，DONG S Y，XU B S，et al. Stress concentration degree affects spontaneous magnetic signals of ferromagnetic steel under dynamic tension load [J]. NDT&E International，2010,43：8-12.

[20] CHENG J B，LIANG X B，CHEN Y X，et al. Residual stress in electric arc sprayed coatings for remanufacturing [J]. Transactions of the China Welding Institution，2008，29(6)：17-20.

[21] 陈永雄，徐滨士，许一，等. 高速电弧喷涂技术在装备维修与再制造工程领域的研究应用现状[J]. 中国表面工程，2006(A1)：169-173.

[22] 胡振峰，董世运，汪笑鹤，等. 面向装备再制造的纳米复合电刷镀技术的新发展. 中国表面工程[J]，2010，23(1):87-91.

[23] 姜祎，徐滨士，吕耀辉，等. 等离子焊接在再制造工程中的应用前景[J]. 中国设备工程，2010(5)：52-53.

[24] 余忠华，吴昭同. 控制图模式及其智能识别方法[J]. 浙江大学学报（工学版），2001,35(5)：59-63.

[25] 乐清洪，赵骥，朱名铨. 人工神经网络在产品质量控制中的应用研究[J]. 机械科学与技术，2000，19(3):433-435.

[26] 祁亨年. 支持向量机及其应用研究综述[J]. 计算机工程，2004，30(10):6-10.

[27] JIANG Y，XU B S，LV Y H，et al. Experimental analysis of variable polarity plasma arc pressure [J]. Chinese Journal of Mechanical Engineering. 2011，24(4)：608-612.

[28] 姜祎，徐滨士，吕耀辉，等. 变极性等离子电弧压力的影响因素分析[J]. 焊接学报，2009，30(11)：25-28.

[29] 姜祎，徐滨士，吕耀辉，等. 变极性等离子电弧压力的径向分布[J]. 焊接学报，2010，31(11):17-20.

第8章 再制造工程管理实践

本章主要介绍再制造工程管理实践,包括军用重载汽车发动机再制造、航空发动机再制造、老旧机床再制造、复印机再制造、坦克发动机再制造及涉水装备的再制造等。

8.1 汽车发动机再制造

汽车发动机再制造是再制造工程中最典型的应用实例。汽车发动机再制造从社会的需求性、技术的先进性、效益的明显性等几个方面为废旧机电产品的再制造树立了榜样。

重载汽车作为我军的主要装备车辆在保障我军机动性、促进部队建设及形成装备战斗力方面发挥着至关重要的作用。重载车辆数量庞大,特别是在新疆、西藏等地区,发挥了其他装备车辆无法替代的重要保障作用,每年的行驶里程达数万千米。通常情况下,军用重载车辆服役环境恶劣(高原、高寒、高风沙)、工况苛刻(高速、重载),造成车辆的核心部件——发动机故障率增多,可靠性和服役寿命降低,车辆在保障部队战斗力的同时,也给部队的后勤保障及经费保证提出了挑战。我军目前每年面临着大量重载汽车发动机进入退役期的问题,需要报废或者大修,这为再制造的发展提供了机遇。而且服役情况的复杂性也对军用车辆的发动机提出了更高要求。鉴于绝大多数废旧发动机都有再制造的价值,而发动机再制造同发动机大修相比,在性价比方面占据明显优势。再制造发动机在保持不低于原型产品质量的情况下,不但可以使原机85%的价值得到循环利用,节约有限的资源和能源,而且其价格仅为原型产品的1/3~1/2,可以节约大量的保障费用,减少装备保障时间。因此,在我军实施军用车辆发动机再制造工程,完善不同再制造工艺,生产出高性能的再制造发动机,这具有较高的综合效益,能够满足现代化战争对装备快速保障、性能可靠、柔性需求等多方位的需要,具有十分广阔的应用前景。

国外发动机再制造已有50年的历史,在人口、资源、环境协调发展的科学发展观指导下,汽车发动机再制造的内涵更加丰富,意义更显重大,尤其是把先进的表面工程技术引用到汽车发动机再制造后,构成了具有中国特色的再制造技术,对节约能源、节省材料、保护环境的贡献更加突出。

8.1.1 军用重载汽车发动机再制造工艺流程

发动机再制造的主要工序包括拆解、分类清洗、再制造加工和组装,如图8.1所示。

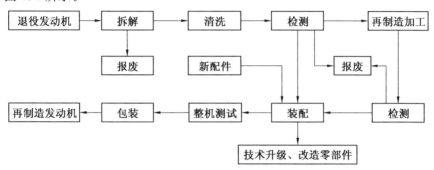

图8.1 发动机再制造的主要工序

卡特彼勒再制造运行模式如图8.2所示。

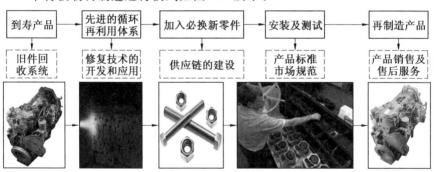

图8.2 卡特彼勒再制造运行模式

1.旧发动机的拆解

拆解是指采用一定的工具和手段,解除对零部件造成约束的各种连接,将产品零部件逐个分离的过程。高效、无损与低成本地拆解是发展目标。拆解过程中直接淘汰发动机中的活塞总成、主轴瓦、油封、橡胶管、气缸垫等易损零部件,一般这些零部件因磨损、老化等原因不可再制造或者没有再制造价值,装配时直接用原型新品替换。再制造发动机拆解流程图如图8.3所示。拆解后的发动机主要零部件如图8.4所示。无修复价值的发动机易损件如图8.5所示。

第 8 章　再制造工程管理实践

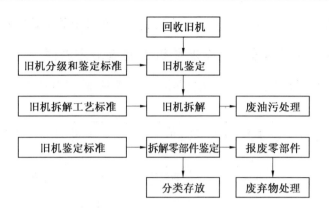

图 8.3　再制造发动机拆解流程图

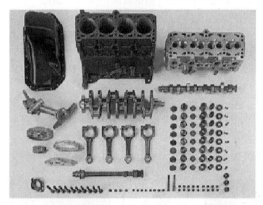

图 8.4　拆解后的发动机主要零部件

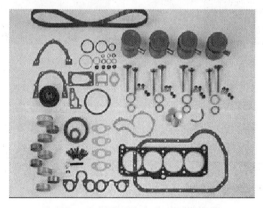

图 8.5　无修复价值的发动机易损件

2. 再制造清洗工艺与技术

(1) 基本概念。

再制造清洗是借助于清洗设备将清洗液作用于工件表面,采用机械、物理、化学或电化学方法,去除装备及其零部件表面附着的油脂、锈蚀、泥垢、水垢、积炭等污物,并使工件表面达到所要求清洁度的过程。表 8.1 为汽车产品使用中产生的污垢。

对产品的零部件表面清洗是零部件再制造过程中的重要工序,是检测零部件表面尺寸精度、几何形状精度、表面粗糙度、表面性能、磨蚀磨损及黏着情况等的前提,是零部件进行再制造的基础。零部件表面清洗的质量,直接影响零部件表面分析、表面检测、再制造加工、装配质量,进而影响再制造产品的质量。

(2) 再制造清洗的基本要素。

待清洗的废旧零部件都存在于特定的介质环境中,一个清洗体系包括 3 个要素,即清洗对象、清洗介质及清洗力。

① 清洗对象。

清洗对象指待清洗的物体。如组成机器及各种设备的零部件、电子元件等。而制造这些零部件和电子元件等的材料主要有金属材料、陶瓷(含硅化合物)、塑料等,针对不同清洗对象要采取不同的清洗方法。图 8.6 为汽车退役零部件的主要污垢及清理后表面状态。

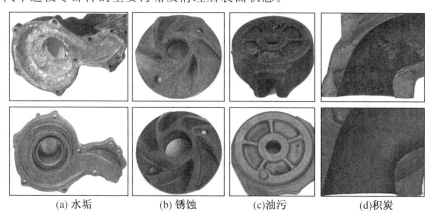

(a) 水垢　　　(b) 锈蚀　　　(c) 油污　　　(d) 积炭

图 8.6　汽车退役零部件的主要污垢及清理后表面状态

横表 8.1

表 8.1 汽车产品使用中产生的污垢

污垢种类		存在位置	主要成分	特性
外部沉积物		零件外表面	尘埃、油腻	容易清除，难以除净
润滑液残留物		与润滑介质接触的各零部件	老化的粘质油、水、盐分、零部件表面腐蚀变质产物	成分复杂，呈垢状，需针对其成分进行清除
碳化沉积物	积炭	燃烧室表面、气门、活塞顶部、活塞环、火花塞	碳质沥青和碳化物，润滑油和焦油，少量的含氧酸、灰分等	大部分是不溶或难溶成分，难以清除
	类漆薄膜	活塞裙部、连杆	碳	强度低，易清除
	沉淀物	壳体壁、曲轴颈、机油泵、滤清器、润滑油道	润滑油、焦油、少量碳质沥青、碳化物及灰分	大部分是不溶或难溶成分、不易清除
水垢		冷却系统	钙盐和镁盐	可溶于酸
锈蚀物质		零件表面	氧化铁、氧化铝	可溶于酸
检测残余物		零件各部位	金属碎屑、检测工具上的碎屑；汗渍、指纹	附着力小，容易清除
机加工残留物		零件各部位	金属碎屑、抛光膏、研磨膏残留物、加工后残留的润滑液、冷却液等	附着力不是很大，但需要清洗得较干净

②清洗介质。

清洗过程中,提供清洗环境的物质称为清洗介质,又称清洗媒体。清洗媒体在清洗过程中起着重要的作用:一是对清洗力起传输作用;二是防止解离下来的污垢再吸附。

③清洗力。

清洗对象、污垢及清洗媒体三者间必须存在一种作用力,才能使得污垢从清洗对象的表面清除,并将它们稳定地分散在清洗媒体中,从而完成清洗过程,这个作用力称为清洗力。在不同的清洗过程中,起作用的清洗力亦有不同,大致可分为溶解力和分散力、表面活性力、化学反应力、吸附力、物理力及酶力。

图 8.7 和图 8.8 分别为高温分解清洗系统和高压水射流清洗系统。

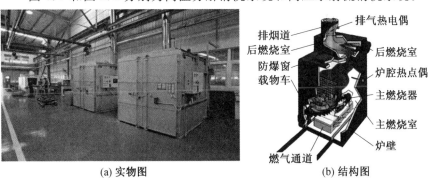

图 8.7 高温分解清洗系统

(a) 高压水射流清洗机工作现场

(b) 实物图

图 8.8 高压水射流清洗系统

(3)再制造实用的清洗方法。

拆解后保留的零部件,根据零部件的用途、材料选择不同的清洗方法。清洗方法可以粗略地分为物理和化学两类,然而在实际的清洗中,往往兼有物理、化学作用。汽车产品的再制造主要针对金属制品。表 8.2 列出了再制造实用清洗金属的方法。

3. 再制造毛坯的性能和质量检测

再制造毛坯的质量检测是再制造质量控制的第一个环节。再制造毛坯通常都是在恶劣条件下长期使用过的零部件，这些零部件的损伤情况，对再制造零部件的最终质量有相当重要的影响。零部件的损伤，不管是内在的质量问题还是外观发生变形，都要经过仔细地检测。根据检测结果，并结合再制造性能综合评价，决定该零部件在技术上和经济上进行再制造的可行性。

再制造毛坯的内在质量主要指零部件上产生的微裂纹、微空隙、强应力集中点等影响零部件使用性能的缺陷，外观质量主要指零部件变形、磨损、腐蚀、氧化、表面层变质（疲劳层）等影响零部件使用性能的外观质量缺陷。

再制造毛坯的内在质量检测，主要采用一些无损检测技术，检查再制造毛坯是否存在裂纹、空隙、强应力集中点等影响再制造后零部件使用性能的缺陷。可以采用超声检测技术、涡流检测技术、金属磁记忆检测技术等对再制造毛坯进行综合质量检测及评定。

（1）超声检测技术。

①超声检测原理。

超声波在介质中传播时遇到界面就会发生反射，当材料内部或表面出现缺陷时，如裂纹、气孔、夹渣、晶粒度变化等，相当于产生一个新界面，超声波遇到这些情况，其反射波就会发生变化，从而确定材料的缺陷。常用的两种超声检测方法有脉冲透射法和脉冲回波法。

脉冲透射法是将发射、接收传感器分别置于被检试件的两侧，并使两个传感器的声轴线处于同一直线上，同时保证传感器与试件具有良好的耦合效果，这样就可以根据超声波穿透试件后的能量变化情况来判断试件内部质量。如图 8.9 所示，当试件无缺陷时，显示穿透波幅度高且稳定；当试件中存在一定尺寸的缺陷或存在材质变化时，部分声能被反射，接收到较弱的声波信号，当试件内有大缺陷将声能全部反射时，接收传感器将完全接收不到超声信号。

横表 8.2(1)

表 8.2 再制造实用清洗金属的方法

方法	工作原理	清洗介质	优点	缺点
浸泡清洗	将工件在清洗液中浸泡、湿润后洗净	溶剂、化学溶液、水基清洗液	适合小型件大批量,多次浸泡清洁度高	时间长;废水、废气对环境污染严重
淋洗	利用液流下落时的重力作用进行清洗	水、纯水、水基清洗液等	能量消耗小,一般用于清洗后的冲洗	不适合清洗附着力较强的污垢
喷射清洗	利用喷嘴喷出中低压的水或清洗液清洗工件表面	水、热水、酸或碱溶液、水基清洗液	适合清洗大型、难以移动、形状不适合浸泡的工件	清洗液在表面停留时间短,不能完全发生作用
高压水射流清洗	用高压泵产生高压水经管道到达喷嘴,喷嘴把低速水流转化成低压高流速的射流,冲击工件表面	水	清洗效果好,速度快;能清形状和结构复杂的工件;能在狭窄空间下进行;节能、节水;污染小;反冲击力小	清洗液在工件表面停留时间短,清洗能力不能完全发生作用

横表 8.2(2)

续表 8.2

方法	工作原理	清洗介质	优点	缺点
喷丸清洗	用压缩空气推动一股固体颗粒料流对工件表面进行冲击,从而去除污垢	固体颗粒	清洗彻底,适应性强,应用广泛,成本低;可以达到规定的表面粗糙度	粉尘污染严重;产生固体废弃物;噪声大
抛丸清洗	用抛丸器内高速旋转的叶轮将金属丸粒高速地抛向工件表面,利用冲击作用去除表面污垢层	金属颗粒	便于控制;适合大批量清洗;节约能源,人力;成本低;粉尘影响小	噪声较大
超声波清洗	清洗液中存在的微小气泡在超声波作用下瞬间破裂,产生高温、高压的冲击波,此种超声空化效应导致污垢从工件表面剥离	水基清洗液、酸或碱的水溶液	清洗彻底,剩余残留物很少,对被清洗工件表面无损;不受工件表面形状限制;成本低,污染小	设备造价昂贵,对质地较软,声吸收强的材料清洗效果差
热分解清洗	高温加热工件使其表面污垢分解为气体,烟气离开工件表面	高温气氛	成本低,效率高;能耗低,污染小	不能清洗低熔点或易燃的金属件
电解清洗	电极上逸出的气泡受机械作用剥离工件表面黏附污垢	电解液	清洗速度快,适合批量清洗;电解液使用寿命长	能耗大,不适合清洗形状复杂的工件

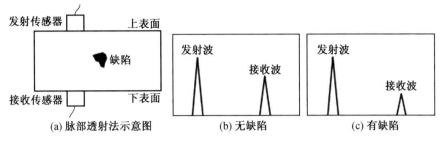

图 8.9 脉冲透射法检测原理

脉冲回波法是将超声脉冲入射到两种不同的介质交界面上,通过观察来自内部缺陷或试件底面反射波的情况来进行检测。采用同一换能器兼作发射、接收。当试件中无缺陷时,仅有上表面回波 S 和底面回波 B 两个信号;当试件中存在缺陷时,在上表面回波 S 和底面回波 B 之间会出现来自缺陷的回波 F,如图 8.10 所示。缺陷回波的高度取决于缺陷的反射面积和方向角的大小,借此可评价缺陷的当量大小。由于缺陷使部分超声能量反射,从而使底面回波高度下降。当材质较好且选用传感器适当时,脉冲回波法可观察到非常小的缺陷回波,达到很高的检测灵敏度。

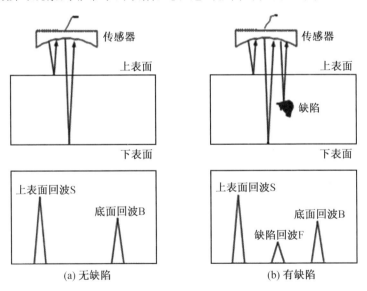

图 8.10 脉冲回波法检测原理

②超声检测的特点。

超声波具有良好的指向性,频率越高,指向性越好。超声波传播能量大,对各种材料的穿透力较强,适合在车间、设备现场、业外和水下等各种环境下工作,还具有以下特点:超声检测适应性强,检测灵敏度高;现场知晓检测结果,对人体无害;使用灵活、设备轻巧、成本低廉。

③超声检测的应用。

超声检测技术是无损检测中应用最广泛的方法之一。发动机曲轴 R 角是应力集中部位,也是曲轴疲劳断裂的起始位置。针对不存在表面可见裂纹的旧曲轴,利用数字超声检测仪检测 R 角部位应力集中、评估疲劳裂纹萌生可能性,判断曲轴是否可再制造,确保有质量隐患的曲轴不进入生产现场。图 8.11 为 XZU－1 型数字超声检测仪。图 8.12 为曲轴手动超声检测方式。

图 8.11　XZU－1 型数字超声检测仪

图 8.12　曲轴手动超声检测方式

(2)涡流检测技术。

①涡流检测原理。

将通有交流电的线圈置于待测的金属板上或套在待测的金属管外,如图 8.13 所示,这时线圈内及其附近将产生交变磁场,使试件中产生呈漩涡状的感应交变电流,称为涡流。涡流的分布和大小,除与线圈的形状和尺寸、交流电流的大小及频率等有关外,还取决于试件的电导率、磁导率、形状和尺寸、与线圈的距离及表面有无裂纹缺陷等。因而,在保持其他因素相对不变的条件下,用探测线圈测量涡流所引起的磁场变化,可推知试件中涡流的大小和相位变化,进而获得有关电导率、缺陷、材质状况和其他物理量(如形状、尺寸等)的变化或缺陷存在等信息。

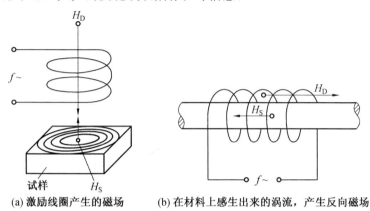

(a) 激励线圈产生的磁场　　(b) 在材料上感生出来的涡流,产生反向磁场

图 8.13　涡流试验原理示意图(图中,H_D 为激励磁场,H_S 为激励磁场在基体上感生出来的涡流所产生的反向磁场)

②涡流检测的特点。

涡流检测被广泛用于各种金属、非金属导电材料及其制件的成品、工艺和维修检测等各个质量控制环节。由于涡流因电磁感应而生,故进行涡流检测时,检测线圈不必与被检材料或工件紧密接触,不需要耦合剂,检测过程也不影响被检材料或工件的使用性能。

③涡流检测的应用。

涡流无损检测是以电磁感应为基础的无损检测技术,只适用于导电材料,主要应用于金属材料和少数非金属材料的无损检测。

图 8.14 所示为发动机缸盖的鼻裂。采用多功能涡流检测仪对其进行质量检测,定量检测裂纹深度,确保裂纹深度大于 5 mm 的缸盖不进入再制造生产流程,严格监测再制造产品质量。图 8.15 为 XZE－1 型多功能涡流检测仪。

(3) 磁记忆检测技术。

①磁记忆效应。

在机械零部件的应力集中区域,腐蚀、疲劳和蠕变过程的发展最为激烈。机械应力与铁磁材料的自磁化现象和残磁状况有直接的联系,在地磁

图 8.14　发动机缸盖的鼻裂

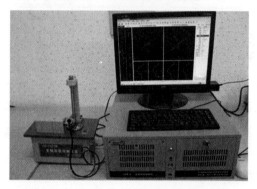

图 8.15　XZE-1 型多功能涡流检测仪

作用的条件下,用铁磁材料制成的机械零部件的缺陷处会产生磁导率减小、工件表面的漏磁场增大的现象,铁磁材料的这一特性称为磁机械效应。磁机械效应的存在使铁磁性金属工件的表面磁场增强,同时,这一增强了的磁场"记忆"着零部件的缺陷和应力集中的位置,这就是磁记忆效应。

②磁记忆检测原理。

工程部件由于疲劳和蠕变而产生的裂纹会在缺陷处出现应力集中,由于铁磁性金属部件存在着磁机械效应,故其表面的磁场分布与零部件应力载荷有一定的对应关系,因而可通过检测部件表面的磁场分布状况间接地对部件缺陷和应力集中位置进行诊断,这就是磁记忆效应检测的基本原理。图 8.16 为金属磁记忆离线检测过程示意图。图 8.17 为 EMS-2003 型智能磁记忆检测仪。

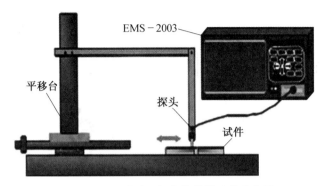

图 8.16　金属磁记忆离线检测过程示意图

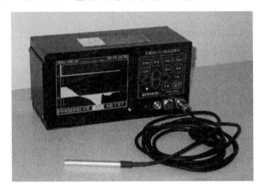

图 8.17　EMS－2003 型智能磁记忆检测仪

4. 再制造加工

对失效零部件的再制造加工可以采用多种方法和技术,如利用先进表面技术进行表面尺寸恢复,使表面性能优于原来零部件,或者采用机械加工重新将零部件加工到装配要求的尺寸,使再制造发动机的零部件达到标准的配合公差范围。图 8.18 为发动机曲轴再制造加工过程。

5. 装配

将全部检验合格的零部件与加入的新零部件严格按照新发动机技术标准装配成再制造发动机。图 8.19 为再制造发动机装配线。

(a) 喷涂修复中　　　　(b) 喷涂后　　　　(c) 加工后再制造成品

图 8.18　发动机曲轴再制造加工过程

图 8.19　再制造发动机装配线

6. 测试

对再制造发动机按照新机的标准进行整机性能指标测试。图 8.20 为再制造发动机台架试验车间。

7. 包装

给发动机外表喷漆和包装入库，或发送至用户处。图 8.21 为再制造发动机涂装线。

根据和用户签订的协议，如果需要对发动机进行改装或者技术升级，可以在再制造工序中更换零部件。再制造前的发动机如图 8.22 所示。再制造后的发动机如图 8.23 所示。

8.1 汽车发动机再制造

图 8.20　再制造发动机台架试验车间

图 8.21　再制造发动机涂装线

图 8.22　再制造前的发动机

图 8.23 再制造后的发动机

8.1.2 军用重载车辆发动机再制造的效益分析

1. 旧斯太尔发动机 3 种资源化形式所占的比例

废旧机电产品资源化的基本途径是再利用、再制造和再循环。对 3 000 台斯太尔 615—67 型发动机的再制造统计结果表明,可直接再利用的零部件数量占零部件总数的 23.7%,价值占价值总额的 12.3%;经再制造后可使用的零部件数量占零部件总数的 62%,价值占价值总额的 78.8%;需要更换的零部件数量占零部件总数的 14.3%,价值占价值总额的 9.9%。退役发动机 3 种回收方式对比关系如图 8.24 所示。由图可见,无论是从零部件的数量、质量还是价值方面考虑,再制造都是废旧发动机 3 种回收利用方式中最佳的选择。具体零部件名称见表 8.3~8.5。

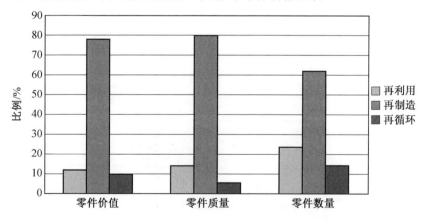

图 8.24 退役发动机 3 种回收方式对比关系

表8.3 经清洗后可直接使用的主要零部件

序号	名称	材料	质量/kg	判断标准	可直接使用率/%
1	进气管总成	铸铝	10	原厂标准	95
2	前排气歧管	铸铁	15	原厂标准	95
3	后排气歧管	铸铁	15	原厂标准	95
4	油底壳	钢板	10	原厂标准	90
5	机油冷却器芯	铜	5	原厂标准	90
6	机油冷却器盖	铸铝	5	原厂标准	80
7	集虑器	钢板	1	原厂标准	95
8	正时齿轮室	钢板	30	原厂标准	80
9	飞轮壳	铸铁	40	原厂标准	80

表8.4 再制造加工后可使用的主要零部件

序号	名称	材料	质量/kg	常见失效形式	再制造时间/h	可再制造率/%
1	缸体总成	铸铁	300	磨损、裂纹、碰伤	15	95
2	缸盖总成	铸铁	100	裂纹、碰伤	8	95
3	连杆总成	合金钢	30	磨损、抱瓦	6	90
4	曲轴总成	合金钢	200	磨损、抱轴	16	80
5	喷油泵总成	铸铝	30	渗漏	10	90
6	气门	合金钢	2	磨损	1	60
7	挺柱	合金钢	2	端面磨损	1	80
8	喷油器总成	合金钢	2	偶件失效	1	70
9	空压机总成	合金钢	30	连杆损坏	4	70
10	增压器总成	铸铁	20	密封环失效	4	70

表 8.5 需要用原型产品替换的发动机主要零部件

序号	名称	材料	质量/kg	常见失效形式	判断标准	替换原因
1	活塞总成	硅铝合金	18	磨损	原厂标准	无再制造价值
2	活塞环	合金钢	1	磨损	原厂标准	无法再制造
3	主轴瓦	巴氏合金	0.5	磨损	原厂标准	无再制造价值
4	连杆瓦	巴氏合金	0.5	磨损	原厂标准	无再制造价值
5	油封	橡胶	0.5	磨损	原厂标准	老化
6	气缸垫	复合材料	0.5	损坏	原厂标准	无法再制造
7	橡胶管	橡胶	4	老化	原厂标准	老化
8	密封垫片	纸	0.5	损坏	原厂标准	无再制造价值
9	气缸套	铸铁	14	磨损	原厂标准	无再制造价值
10	螺栓	合金钢	10	价值低	原厂标准	无再制造价值

2. 经济效益分析

与新发动机的制造过程相比,再制造发动机生产周期短、成本低,两者对比见表 8.6 和表 8.7。

表 8.6 新机制造与旧机再制造生产周期对比　　　　　　　　　　天/台

	生产周期	拆解时间	清洗时间	加工时间	装配时间
再制造发动机	7	0.5	1	4	1.5
新发动机	15	0	0.5	14	0.5

表 8.7 新机制造与旧机再制造的基本成本对比　　　　　　　　　　元/台

	设备费	材料费	能源费	新加零部件费	人力费	管理费	合计
再制造发动机	400	300	300	10 000	1 600	400	13 000
新发动机	1 000	18 000	1 500	12 000	3 000	2 000	37 500

3. 环保效益分析

再制造发动机能够有效回收原发动机在第一次制造过程中注入的各种附加值。据统计,每再制造一台斯太尔发动机,仅需要新机生产的 20% 能源,按质量能够回收原型产品中 94.5% 的材料继续使用,减少了资源浪费,避免了产品因为采用再循环处理而造成的二次污染,节省了垃圾存放空间。据估计,每再制造 1 万台斯太尔发动机,可以节电 $1.45 \times$

10^7 kW·h,减少 CO_2 排放量 $(11.3×10^3)$～$(15.3×10^3)$ t。

4. 社会效益分析

每销售一台再制造斯太尔发动机,购买者在获取与新机同样性能发动机的前提下,可以减少投资 2 900 元;在提供就业岗位方面,若每年再制造 1 万台斯太尔发动机,可提供就业人数 500 人。

5. 综合效益

表 8.8 对以上各项效益进行了综合,由表可以看出,若年再制造 1 万台斯太尔发动机,则可以回收附加值 3.23 亿元,提供就业人数 500 人,并可节电 $0.145×10^9$ kW·h,税金 0.29 亿元,减少 CO_2 排放量 $(11.3×10^3)$～$(15.3×10^3)$ t。

8.2 航空发动机再制造

8.2.1 航空发动机再制造概述

航空发动机是为航空器提供飞行所需动力的发动机。作为飞机的心脏,被誉为"工业之花",它直接影响飞机的性能、可靠性及经济性,是一个国家科技、工业和国防实力的重要体现。在中国现役航空发动机寿命管理中,采用总工作寿命和翻修寿命对发动机寿命实施控制,保证飞行安全。发动机总工作寿命是指发动机在规定条件下,从开始使用到最终报废所规定的总工作时数。翻修寿命是指在规定条件下,发动机两次翻修之间的工作时间。发动机翻修寿命是基于发动机在外场使用的安全和可靠性要求而给定的,主要取决于航空发动机关键部件的使用寿命,如承受至少 1 000 ℃高温的热端部件(涡轮叶片、涡轮盘和燃烧室部件)。发动机工作到了规定的翻修期限必须从飞机上拆下送到维修厂对其进行分解、检查、更换磨损或损伤的零部件,对转子进行平衡,然后重新装配,再经过性能测试,交付使用方检验后重新出厂。

我国部分空军战斗机装备了俄罗斯研制的 AL-31F 系列涡轮风扇发动机(简称涡扇发动机)。图 8.25 为涡扇发动机的结构图及实物图。涡扇发动机主要部件包括风扇、外涵道、内涵道(高压压气机、主燃烧室、高压涡轮)等。涡扇发动机具有尺寸小、推力大、稳定性高、维修简便等特点。但 AL-31F 的总寿命是 900 h,翻修寿命大约为 300 h,所以每架战斗机都需要有额外的备用发动机,以保证战备和训练不受影响。但如果一台发动机翻修寿命和总寿命过短，频繁更换，不仅影响战斗机的战备和训练时间，还会导致一款战斗机的全寿命使用费用激增。

(a) 结构图

(c) 实物图

图 8.25　涡扇发动机的结构图及实物图

军用航空发动机再制造是指对已经达到设计使用寿命或大修时限的发动机进行完全分解，剔除易损件保留基础件，对基础件进行彻底清洗、检测，遴选出符合要求的零部件，采用新材料表面处理技术，加工至完全符合新发动机零部件的关键核心技术体系。通过技术升级，再制造的航空发动机在性能和质量上可以达到甚至超过正常生产的新发动机。而且在零部件再制造方面，再制造技术比制造技术难度还要高。

8.2.2　航空发动机再制造工艺流程

在对航空发动机进行完全拆解清洗后，检测各零部件的技术状态，将零部件分成直接利用件、可再制造件和报废件 3 类。直接利用件不做处理，报废件由新件或进行过再制造加工的新件更换，可再制造部件进行再制造加工，最后按原型产品的标准进行检测装配并进行测试。再制造实施需要经过拆解、清洗、检测、再制造加工、检测、装配、整机测试等多个步骤，其中关键技术包括部件清洗、无损检测技术和部件再制造技术。

1. 部件清洗

发动机由于长期工作,灰尘、油污及磨损物填充在各部件之间。首先要对发动机机体进行表面清洗,防止外来物对发动机内部件的二次污染,应根据部件污染的不同使用不同的清洁方法,例如,用汽油等有机溶剂清洗发动机部件表面的杂质、油脂和污垢,用化学和高压水射流清洗部件表面的锈蚀和涂层,用化学清洗液与喷丸相结合的方法去除积炭等。图8.26和图8.27分别为高压水射流去涂层设备和高压水射流去除涂层过程。

图 8.26　高压水射流去涂层设备

图 8.27　高压水射流去除涂层过程

压气机由压气机叶片和压气机匣等组成,压气机叶片长期高速旋转,有各种外来物(主要是昆虫)进入的痕迹,必须清除干净,可以采用汽油清洗。压气机匣因接触大量水汽而经常发生锈蚀。去锈的主要方法有机械法、化学酸洗法和电化学酸蚀法等。

燃烧室主要由燃油喷嘴和燃烧室主体组成,该机件是燃油燃烧的腔体，积炭非常严重。清除积炭常使用机械法、化学法和电解法等。化学法指将零部件浸入苛性钠、碳酸钠等清洗液中，以 80～95 ℃的温度，使油脂溶解或乳化，积炭变软后，再用毛刷刷去积炭并清洗干净。这里采用化学法较为合适，不损害零部件本身的性能。

涡轮主要由涡轮叶片和涡轮机匣组成。涡轮叶片和涡轮机匣主要受高温灼烧和积炭污染，对于可以看见灼烧痕迹的叶片和机匣不再使用，只有积炭的叶片和机匣用上述化学法方法清洗。

2. 部件检测

部件清洗后，应借助先进的检测设备对部件的完整性和内部结构进行检测，以掌握部件的准确信息。使用较多的各种无损检测技术，如超声波检测、渗透检测、磁粉检测、涡流检测、射线检测和光学检测等，这些先进的技术不仅能发现部件表面的裂纹、烧伤，还能检测出部件内部的损伤。

3. 部件再制造技术

涡扇发动机核心部件的再制造包括叶片再制造、涡轮叶片再制造和涡轮盘再制造。

航空燃气涡轮发动机的压气机及风扇工作叶片均用其叶身下的燕尾形榫头装于轮盘轮缘的榫槽中，再用锁紧装置将叶片锁定于轮盘中。

针对压气机整流叶片易磨损及叶片易受外来物磨损的特点，采用纳米复合电刷镀技术，对压气机叶片进行纳米颗粒复合镀，提高其强度和耐磨性，延长叶片的使用寿命。图 8.28 为自动化纳米颗粒复合电刷镀设备。图 8.29 为再制造后的压气机整流叶片。

图 8.28　自动化纳米颗粒复合电刷镀设备

图 8.29　再制造后的压气机整流叶片

20 世纪 80 年代中期,在航空发动机结构设计方面,出现了一种称之为"整体叶盘"(简称"叶盘")的结构。它是将工作叶片和轮盘做成一体,省去了连接用的榫头、榫槽,使零部件数目大大减少、结构简化、质量减轻,而且还可消除空气在榫头与榫槽间的窜流,对压气机或风扇的性能还带来一定好处。因此,目前在一些新研制的发动机中整体叶盘得到广泛采用。整体叶盘的关键技术就是焊接工艺一定要达到能让两个部件完全融为一体的技术水平。一般要采用电子束焊、线性摩擦焊或者等离子焊。利用自动微束等离子焊接技术清洗,已报废发动机的风扇或者压气机叶片的受损部位,并且切割整齐,进行内部结构无损检测之后就可以利用等离子焊接技术将部分新叶片焊接在老叶片上,即可重新制造出全新的风扇和压气机叶片。图 8.30 为自动微束等离子焊接设备,图 8.31 为微束等离子焊接焊缝微观组织结构图。

图 8.30　自动微束等离子焊接设备

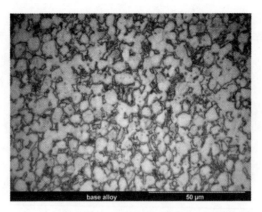

图 8.31　微束等离子焊接焊缝微观组织结构图

　　涡轮风扇和涡轮喷气发动机之所以都带上"涡轮"，是因为涡轮是核心器件。在航空发动机内部，涡轮叶片主要负责将燃烧室燃烧后燃气的热能和势能转化为动能，从而驱动整个转子运动，这是整个航空发动机热力学循环最关键的一步，涡轮也是体现航空发动机技术水平的核心部件。为了提高涡轮叶片的耐高温性能，AL－31F 发动机采用了定向凝固合金精密铸造叶片，通过精密铸造技术干预高温合金结晶使其内部晶体结构都向着受力方向统一延伸，这样就可以极大地改善叶片承受高速旋转离心力的性能。另外，为了增强叶片的耐高温性能，AL－31F 的涡轮叶片采用了复杂的空心气冷手段，涡轮叶片内部是空心的，并且有复杂的气流冷却路径。

　　虽然采用定向凝固高温合金与空心气冷手段大大改善了 AL－31F 发动机的性能，但是极大地增加了对其损坏后叶片再制造的难度。涡轮叶片再制造就是将损坏的涡轮叶片修复使其完全像全新的叶片一样能够重新被利用。对于 AL－31F 发动机的定向凝固合金涡轮叶片，修复损伤处时必须保证新铸造结晶与原来结晶方向吻合，也就是说，不仅要接上"断肢"，还要保证"血脉"重新相连，否则新修复部分即便可以与原来的叶片看上去融为一体，但是在高温强受力环境下立刻就会支离破碎。而且还要保证涡轮叶片复杂的内部空气流道畅通，其难度比新生产一块叶片都要加大许多。一片涡轮叶片的价值可以用等质量黄金数的倍来计算，利用粉末冶金修复再制造技术。粉末冶金过程示意图如图 8.32 所示。定向凝固高温合金叶片再制造技术实现了涡轮叶片报废后的回收重新利用，为国家节省了大量资金和贵重金属，并且使我国摆脱了热端高性能部件需要进口才能进行发动机维修更换的被动局面。图 8.33 是航空发动机高压涡轮叶片的失效方式。其在工作时的主要失效形式为阀的中心部分发生较大的裂纹。再制造的修复方式为先移除损坏的阀门中心部分,然后采用粉末冶金的方法铸造移除的阀门中心部分,最后采用钎焊技术焊合铸造插件和喷气阀的剩余部分。图 8.34 为高压涡轮叶片再制造过程示意图。

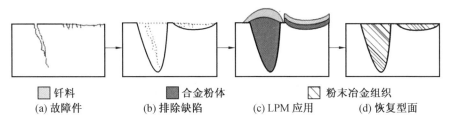

图 8.32　粉末冶金过程示意图

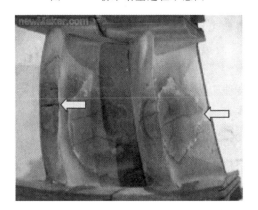

图 8.33　航空发动机高压涡轮叶片的失效方式

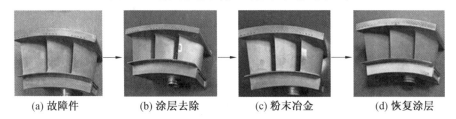

图 8.34　高压涡轮叶片再制造过程示意图

涡轮盘是燃气涡轮发动机的关键件之一。其工作条件十分苛刻,在高温、高转速、高应力、高速气流下工作,承受着高的离心负荷、热负荷、气动负荷、振动负荷和环境介质的腐蚀及氧化作用,每次飞行还要经受启动、加速、巡航、减速、停车等循环的机械应力和由温差引起的热应力的联合作用。涡轮盘各部位承受不同的交变负荷,其工作状况直接影响发动机的使用性能、可靠性、安全性和耐久性。涡轮叶片是安装在涡轮盘上的,叶片上的巨大离心力载荷最终还是由涡轮盘来承受。另外,涡轮盘外缘和叶片一样直接接触燃烧室冲出的高温燃气,内缘却连接在主轴上,工作温度较低。涡轮盘内外缘的温差高达数百摄氏度,这就导致整体涡轮盘的内外缘受热程度不同变形程度,这种变形一般被称为"蠕变"。如果涡轮盘的抗蠕变性能不足,就很容易出现裂纹,并且可能在巨大离心力作用下碎裂,这不仅会限制发动机的寿命,也会极大地影响发动机的使用安全。为了增强涡轮盘的抗蠕变性能,典型三代涡扇发动机均采用大直径粉末冶金涡轮盘。粉末冶金就是将金属原料用超声波制备成极细腻的金属粉末,然后在模具里注入粉末进行高温锻造,通过强压高温将粉末压成一个极为致密的部件。

AL-31F 发动机采用高强耐热合金制作涡轮盘,抗蠕变性能较差,而且耐热合金疲劳寿命也较短。军用航空发动机在使用过程中经常出现大幅度的工况变化,飞行员为了做高强度的机动经常反复快速推拉油门杆,这就导致涡轮盘经常要面对从低温到高温、从低速到高速的剧烈变化。粉末冶金涡轮盘的疲劳寿命较长,也就是经得起更多次这样的循环,而耐热合金疲劳寿命就较短。采用粉末冶金涡轮盘再制造技术,研究人员不仅给AL-31F 发动机更换了粉末冶金涡轮盘,更是掌握了新粉盘的再制造技术,使 AL-31F 发动机总寿命延长近一倍。图 8.35 为再制造后的发动机涡轮盘。

图 8.35 再制造后的发动机涡轮盘

8.3 老旧机床再制造

目前,我国机床保有量达700万台左右,是世界上机床保有量和需求量最大的国家,其中废旧机床数量大,机床技术水平相对落后,大量机床面临技术性或功能性淘汰。机床是一种极具再制造价值的典型机电产品。机床再制造可实现设备材料资源循环利用率为80%左右,机床能效平均提升20%左右,可降低噪声10%以上,油雾、油污、粉尘等现场环境污染排量放量减少90%以上。机床的功能、性能、精度均超过原新机床技术指标,可以满足新的生产能力需求。机床再制造是一种基于废旧资源循环利用的机床制造新模式,机床再制造不仅能突破废旧机床资源循环再利用的关键技术,也能实现我国机床装备能力综合提升的重要支撑技术,对其产业化技术进行研究及推广应用、形成新兴战略性产业具有重要意义。机床再制造是解决我国量大面广的退役机床处理过程所存在问题的最有效途径,符合当前我国发展循环经济、实施节能减排、应对气候变化的战略需要。

8.3.1 机床再制造的原则

机床再制造的原则是,在保证再制造机床工作精度及性能提升的同时兼顾一定的经济性。具体来讲,就是先从技术角度对老旧机床进行分析,考察其能否进行再制造,其次要看这些老旧机床能否值得再制造,再制造的成本有多高,如果再制造成本太高,就不宜进行。例如,若机床床身发生严重损坏,则不具备再制造的价值,必须回炉冶炼。再如,机床主轴如果发生严重变形、床头箱无法继续使用,则不具备再制造价值。虽然这类机床可通过现有的技术手段进行恢复,但是再制造的成本较高,一般不宜进行再制造。

8.3.2 机床再制造工艺流程

对于老旧机床首先要对其进行再制造评估,先从技术角度再从经济角度对机床再制造可行性进行评估。

1. 再制造可行性评估

机床属于一种极具回收再利用价值的机电产品,对其进行再制造具有显著的经济效益和社会效益,而对其实施再制造首先需要考虑退役机床是否适合再制造,要对其可再制造性进行综合分析。退役机床产品的可再制造性评价是一个综合的系统工程。不同类型的退役机床的可再制造性一般不同,即使是同一种型号的退役机床也会由于其退役前的服役工况、车间环境、操作者、报废原因(报废原因多种多样,有些机床是达到了使用寿命,部分机床可能由于技术进步而不能满足顾客需求而淘汰,也有可能是由于各类偶然原因导致机床报废)等的不同而使得可再制造性千差万别。对退役机床可再制造性的评估需要采集大量影响机床再制造的技术性、经济性、资源环境性等方面的信息,并采用定性与定量相结合的方法确定退役机床再制造的技术、经济、资源环境的评价指标,建立完善的退役机床可再制造性评价。退役机床可再制造性评价的指标体系见表8.8。准则层主要由技术可行性、经济可行性及资源环境效益3部分组成,各个准则又可细分为各个指标。退役机床可再制造性评价总体流程图如图8.36所示。

表8.8 退役机床可再制造性评价指标体系

准则层	指标层
技术可行性	拆卸简易性
	清洗可行性
	检测与分类可行性
	零部件再加工可行性
	整机性能升级可行性
	再装配简易性
经济可行性	经济可行性
资源环境效益	材料节约
	能源节约
	排放减少

2. 再制造目标的确定

在可行性分析的基础上,根据企业的需要确定再制造的目标,主要从经济角度进行分析,实现退役机床资源的循环再利用以及原有传统机床技术能力的跨越式提升,实现经济效益与社会效益的协调极大化。机床再制造目标主要包括以下几个方面。

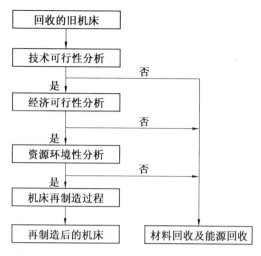

图 8.36 退役机床可再制造性评价总体流程图

(1)资源重用目标。

再制造的最显著效益及首要目标为实现废旧资源的循环重用,减少原材料开采、制备、零部件加工等过程的资源消耗及环境污染排放,并避免废旧资源化回炉处理等过程的资源消耗等。机床再制造可实现机床主要功能部件(如床身、立柱等铸造件,主轴、涡轮副等关键部件)的再制造重用,零部件再制造循环利用率达 80% 以上(按质量计),可实现退役机床资源的高效、绿色循环再利用。

(2)技术性目标。

再制造机床功能、质量、技术性能及可靠性均达到或超过原机床出厂标准,通过机床再制造可低成本地实现机床技术能力的跨越式提升,满足客户的加工要求。而且,再制造机床产品在能量效率、环境友好性、安全防护性等技术性能方面也相比于原机床进行了改进,能效更高,具有更好的环境友好性能,安全操作性更好。

(3)经济目标。

由于大量废旧零部件的重用,机床再制造成本一般只是同种性能新机床的 50% 左右,可为机床使用方节省大量的设备购置资金。而对机床再制造商来说,再制造并不一定是有所收益的,因为机床再制造过程存在较大的不确定性,而每台机床再制造成本都具有个性化和不确定性,这使得机床再制造过程要追求综合成本极小化,使单台再制造机床销售利润不小于新制造机床。

3. 再制造技术设计

根据再制造的目标确定具体采用的技术手段,即采用何种技术手段恢复机床的工作精度,采用什么技术提高机床的传动精度,以及选用哪一类型的数控技术等,确定具体的技术指标,使得再制造产品在有限的经费内比原设备在技术性能上有所提升。退役机床再制造技术设计流程图如图8.37所示。

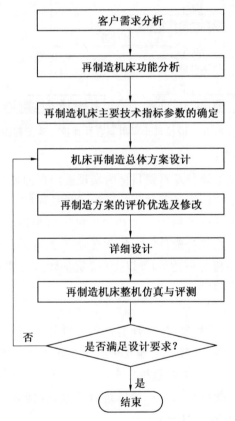

图 8.37　退役机床再制造技术设计流程图

4. 再制造工艺设计

制订再制造工艺路线、工艺规程,包括对原有设备的拆解、零部件清洗、技术测量、鉴定、分类;对需修复件进行零部件再制造,包括再制造技术的选用、工艺参数的确定、修复后的技术指标确定等。由于技术提升引起零部件性能变化,因此需进行更换、设计、加工新零部件对应的连接件等。机床再制造的工艺过程如图8.38所示。

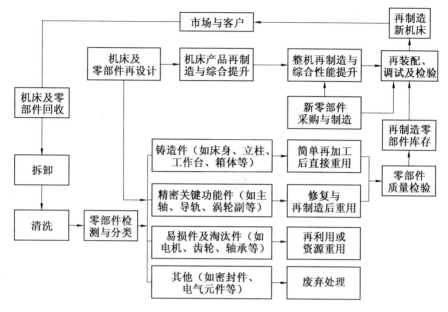

图 8.38 机床再制造的工艺过程

5. 再制造质量控制与检验

采用先进的技术手段对再制造零部件进行再制造。严格遵守相应技术的操作规范,先对再制造零部件进行尺寸、形状、性能检验,再进行组装,对整机进行检验,检验时按国家标准执行,要求相关指标不低于新出厂的产品,最后还要进行实际加工检验。

6. 技术培训,配套服务

机床用户在购置机床时,购买的不仅是机床本身,而是包括人员培训、机床质量保证、备件供应及长期技术支持等各种配套服务,因为这些配套服务直接影响到机床的利用率。

8.3.3 机床再制造的内容

机床再制造主要表现在机床机械精度的恢复与提升、机床运动系统的精度恢复与提升、机床控制精度的提升3个方面。

1. 机床机械精度的恢复与提升

随着机床服役时间的增加,机床主要零部件包括导轨、拖板、轴承座等部位出现不同程度的磨损。为确保零部件加工精度要求,需要对机床进行再制造以恢复基础的机械精度。

(1) 机床导轨、拖板。

机床导轨的耐磨性及尺寸精度是影响机床使用寿命和精度的主要因素之一。普通机床一般采用铸铁制造的滑动导轨,传统的机床导轨维修主要通过导轨磨床重磨并刮研拖板的方法来恢复其精度。采用纳米电刷镀技术修复磨损的机床导轨,可取得良好效果,如图 8.39 所示。根据导轨缺损情况采用相应的表面工程技术可以有效解决导轨修复问题。图 8.40 为采用微脉冲电阻焊技术修复机床导轨微损伤。

图 8.39 采用纳米电刷镀技术修复磨损的机床导轨

图 8.40 采用微脉冲电阻焊技术修复机床导轨微损伤

(2) 主轴。

轴部件是机床的关键部件,主要用于安装刀具或工件,而机床主轴的回转精度直接影响着被加工零部件的加工精度及表面粗糙度。所以要对所有的轴进行缺陷检查。有缺陷但能进行再制造的轴要进行再制造重用;对于有较大缺陷且不能再制造的轴使用更新件。主轴部件修复的主要内容包括主轴精度的检验、主轴的修复、轴承的选配和预紧、轴套的配磨等。

下面以某车床主轴为例说明主轴的再制造工艺。某车床主轴再制造工艺流程:清洗→除油→冷态重熔焊补(修复凸凹槽或磨损面)→刷镀(轴承位、内锥部位)→磨(精磨轴承位)→磨(上磨床,精磨轴承位、外锥、端面、内锥)。图 8.41 为再制造前后的车床主轴。

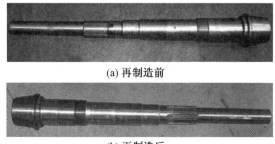

图 8.41 再制造前后的车床主轴

(3)主传动机械部分的改进。

为了满足各种加工要求,应使主轴从低到高获得各种不同转速。普通机床的主轴一般通过主轴齿轮箱实现多级变速,并且变速时一般还需用手拉动拨叉来进行换挡。一般机械齿轮挡数较多,变速箱结构复杂,体积庞大,在运转过程中,尤其高速运转时,振动和噪声都较大,对零部件的加工精度也会产生不良影响。数控机床可以采用交流或直流电动机无级调速,并为扩大输出扭矩增加了 2～4 挡齿轮减速。对旧机床进行数控改造,可考虑采用交流变频调速,即仍然利用原主轴交流电动机,再配备相应的变频器。而对于原主轴齿轮箱部分,应根据齿轮箱的结构和机械磨损程度考虑改进或保留主轴齿轮箱,由于采用无级变速,因此可减少变换挡数,对于手动换挡应考虑采用电气自动换挡。一般机床数控化再制造过程中主要采用电磁离合器换挡。对于要求实现每转同步进给切削的加工,如螺纹加工,还需要在主轴旋转的相应部位安装主轴旋转编码器。

2. 机床数控化再制造机床运动系统精度的恢复与提升

对机床数控化再制造机床运动系统精度的要求与普通机床的大修是有区别的,整个机床运动系统精度的恢复与机械传动部分的改进,需要能够满足数控机床的结构特点和数控加工的要求。

(1)传动丝杠。

普通机床采用梯形螺纹丝杠,使用较长时间后大多出现磨损,为保证运动系统精度,提高运动灵活性,需要更换为滚珠丝杠。对于采用滚珠丝杆的机床,滚珠丝杆应经过检测,并重新研磨到符合传动技术要求或者更换为更新件。

(2)采用纳米润滑脂减摩技术对传动部件减摩。

对于不宜使用润滑油的开放式摩擦副,可采用纳米润滑脂减摩技术,提高运动部位的润滑质量,改善减摩效果,进一步减小因润滑不良对运动系统精度的影响。图 8.42 为在滚珠丝杠上涂覆纳米润滑脂。

图 8.42 在滚珠丝杠上涂覆纳米润滑脂

(3)添加纳米润滑油。

在润滑油中添加纳米润滑添加剂,进一步减小摩擦。如在床头箱内添加纳米润滑油,可使齿轮之间的摩擦减小,有利于提高主轴的旋转精度和齿轮的使用寿命。图 8.43 为向主轴箱里的润滑油中添加纳米润滑添加剂。

图 8.43 向主轴箱里的润滑油中添加纳米润滑添加剂

3. 机床控制精度的提升

提升机床控制精度的主要工作是选择合适性价比的数控系统及相应的伺服系统。

(1) 选定数控系统和伺服系统。

根据要改造机床的控制功能要求,选择合适的数控系统至关重要。由于数控系统是整个数控机床的指挥中心,在选择时除了考虑满足各项功能要求外,还要确保系统工作的可靠性。一般根据性价比来选取,并适当考虑售后服务和故障维修等情况。伺服驱动系统的选取,一般按所选数控系统的档次和进给伺服要求的驱动扭矩大小来决定。

(2) 电动刀架等辅助装置的选取。

在机床数控化再制造中,辅助装置要根据机床的控制功能要求来适当选取。每次换刀时刀具的重复定位精度对一个较复杂零部件的加工精度有很大的影响,所以这些辅助装置也必须满足相应的控制精度,必须作为整个系统精度的一部分综合考虑。大部分数控机床的辅助装置,国内已有不少生产厂家配套供应,选取时可以按其说明在机床相应位置上进行安装、调整。

(3) 强电部分的再设计。

由于再制造机床控制方式的彻底改变,电气部分需要重新设计。设计时应按标准绘制电路图,尽量使用原有的电气元件,在不影响整体布局的前提下,保持原有器件的安装位置。要特别注意的是,再制造机床的强电控制部分设计中,数控系统各接口信号的特点和形式要相配,并且在设计过程中应尽量简化强电控制线路。对于机床的外围强电电路,再制造可采取的方案主要有以下两种。

① 局部再制造。

保留原退役机床的部分外围继电器电路,只对数控系统、可编程控制器进行再制造,而新的可编程控制器不参与外围电路的控制,只处理数控系统所需的指令信号。这种再制造方案的设计、调试工作量较小。在对退役机床强电部分进行局部再制造之后,应对保留的电路进行保养和最佳化调整,以保证再制造机床有较低的故障率,如强电部分的零部件更换、污染的清洁、通风冷却装置的清洗、伺服驱动装置的最佳化调整、老化电线电缆的更新、连接件的紧固等。

② 彻底更换。

在继电器逻辑较复杂、故障率较高且用户可以提供清楚逻辑图的情况下,可用数控系统自带的可编程控制器将外围电路进行彻底更换,简化机床的外围电路。这种方式大大简化了硬件电路,提高了电气系统的可靠性,但再制造的设计、调试工作量较大。为保证机床数控及电气系统的稳定性及可靠性,目前的再制造机床主要采用这种形式。

4. 整机调试,机床检验

机床各个部件改装完毕后进入调试阶段。一般先对电气控制部分进行连接调试,而后进行联机调试。由于机床数控化再制造有多种方案,机床类型不同,再制造的内容也不同。以上所述各步骤要根据实际情况实施,有时需要反复几次,直至达到要求为止。

对于已初步调试的机床,还要按照相应的国家标准对其精度进行检验,包括各个部件自身的精度和零部件加工精度。表8.9是再制造车床与原车床标准的精度对比。图8.44和图8.45分别为废旧C616普通机床和再制造新机床。

表8.9 再制造车床与原车床标准的精度对比

检查项目	精度值	
	原车床标准	再制造车床实测精度
原度	0.010	0.003
圆柱度	0.016	0.014
平面度	0.010	0.010
螺距误差	0.300	0.023

图8.44 废旧C616普通机床

图 8.45 再制造新机床

8.3.4 机床再制造的效益分析

机床再制造的经济效益和社会效益显著。机床再制造技术是一种绿色环保的技术,它赋予了老旧机床新的生命,在提升机床品质的同时,节约大量的能源,同时节省了人力、物力,生产周期短,快速实现了老旧机床的升级换代。以陕西宝鸡秦川机床厂为例,该厂于 2008 年开始开展再制造业务,至 2012 年累计完成了再制造机床设备 120 台,其中金切类设备 20 台,磨削类设备 100 台,共计完成销售收入 1 亿元,实现净利润 1 000 万元,缴纳税金 500 万元,平均毛利率为 40% 以上。以 YX3120 滚齿机再制造对机床再制造效益进行分析。YX3120 滚齿机的床身、大立柱箱体、小立柱箱体、工作台箱体等铸件部件及其他附加值较高的零部件得到了重用,资源循环利用率按质量计达 80% 以上,比制造新机床节能 80% 以上,并减少了废弃物的排放量,而且由于机床机械部分具有耐久性,性能稳定,特别是床身、立柱等铸件,时效越长,性能越好,再制造后的机床性能更加稳定,可靠性更好。表 8.10 为涡轮再制造与新品性能的对比情况。

表 8.10 涡轮再制造与新品性能的对比情况

指标	生产工序/步数	加工时间/h	材料消耗/kg	电量消耗/(kW·h)	成本/元
新制造	13	22.2	30	2 500	3 053
再制造	1	5	0	300	300

8.4 复印机再制造

复印机集机械、光学、电子和计算机等方面的先进技术于一身,是现代社会普遍使用的一种办公设备。目前发达国家每年增加 800 万台复印机,其中新用户占 15%,老用户增加使用占 45%,老用户更新淘汰占 40%,市场保有量高达 3 000 万台。在我国,打印、复印机行业平均每年以 10% 以上的速度增长,同时需求量超过 10% 的年平均增长速度,在未来的几年里,复印机需求量将达到每年 100 万台的规模,市场新增容量每年超过 600 亿元人民币。由于办公设备使用频率较高,办公设备的第一次使用寿命大大缩短,大量优质可再生的旧设备有待合理处理和利用。保守估计全球复印机更新每年超过 320 万台,大量废弃的复印机(图 8.46)不仅浪费了大量的资源,同时粗放式回收方式收购的废弃复印机硒鼓等部件,被回收再重新灌粉后以次充好,假冒名牌在市场上销售,不利于打印、复印机市场的健康稳定发展。图 8.47 为粗放的办公设备回收方式。

图 8.46 大量废弃的复印机

在全球产业分工体系中,中国境内的打印、复印机企业均是在中国组装生产的外资企业,处于产业链的低端,高技术含量和高附加值环节均由发达国家掌握。国内还没有技术能力生产新的数码打印、复印机,打印、复印机进口成本相当高,限制了数码印刷在国内的普及。而再制造打印、复印机的生产和推广,将以优质的产品和极具吸引力的价格推动数码印刷在中国的快速发展。

图 8.47　粗放的办公设备回收方式

8.4.1　复印机再制造工艺流程

复印机再制造工艺流程包括以下步骤：

(1)旧机的回收。

(2)旧机的选型。在回收的复印机和多功能机中选择适合再制造的模型。

(3)进货检验。检查外观和功能，确定可用于再制造的机器并详细记录。

(4)拆解。把机器拆解到只剩下金属框架的状态，拆解下来的零部件按规定依次放置，以便于清洗和再装配。

(5)清洗。对拆解下的零部件进行清洗。

(6)零部件的再制造。利用再制造技术对零部件进行相应的再制造，恢复并提高相应的性能。

(7)组装。在清洗复印机外壳墙板和框架后，按顺序安装再制造零部件和新零部件。

(8)测试。检查全部功能并进行调试，使至少其达到与新机一样的功能。

(9)包装出厂。再制造复印机同原型产品一样包装后出厂，运往市场进行销售。

复印机再制造工艺流程图如图 8.48 所示。

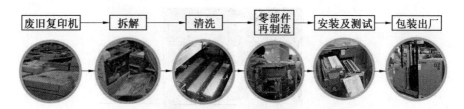

图 8.48　复印机再制造工艺流程图

8.4.2　复印机再制造的内容

复印机再制造主要包括以下内容。

1. 光学系统

光学系统主要由曝光灯、镜头、反光镜片和驱动系统组成。其作用是将稿台玻璃上的原稿内容传递到感光鼓上。复印机使用一段时间或达到使用年限后,曝光灯、镜头、反光镜片和稿台玻璃上会沾灰尘,尤其是稿台玻璃和稿台盖板的白色衬里更容易受到灰尘等的污染,影响复印效果。这些部件的再制造(再利用)可以采用电子快速清洗技术。

2. 鼓组件

鼓组件由感光鼓、电极丝、清洁刮板等组成。其主要作用是将光学系统传递到感光鼓上的影像着墨后转印到复印纸上。鼓组件中再制造的部分主要是感光鼓和电极丝。电机丝有两根,一根放在感光鼓的上方,另一根放在感光鼓的下方,其作用是给感光鼓充电和转印分离。由于所处位置的原因,电极丝容易受到墨粉的污染。电极丝受污染后容易造成感光鼓充电不均和转印不良,影响复印效果。

3. 定影系统

定影系统由上、下定影辊和定影灯等组成。其作用是将墨粉通过加热压固定在复印纸上。复印机使用一段时间后,尤其是双面复印机或在定影辊处卡纸时,定影辊就会被墨粉污染,墨粉就会变成黑色颗粒固定在定影辊上,不仅影响复印效果,还会使定影辊受到磨损而降低寿命。再制造定影系统时,需要对定影辊上的墨粉污染进行有效清除。

4. 机械装置的减摩自修复

复印机中机械装置所占的比例很大,一些转动、传动、滑动部件虽然在出厂时已加注普通的润滑油或润滑脂,但随着机器使用时间的延长,这些油脂会因为灰尘等原因而失去作用,以致复印机在运转时噪声变大,甚至损坏复印机。复印机的这类零部件有开关支点、离合器、齿轮、辊轴等,一般可以使用纳米自修复润滑油,以减少这些零部件的磨损。图 8.49 和图 8.50 分别为废旧复印机和再制造新复印机。

图 8.49　废旧复印机

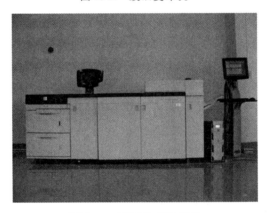

图 8.50　再制造新复印机

8.4.3　复印机再制造的效益分析

复印机再制造实践表明,该行业的利润是十分可观的。例如,依据型号不同,生产一个新的激光复印管需 50~100 元人民币,但再制造这样一支激光管成本却小得多,为 25~50 元人民币。由于实施了复印机再制造策略,复印机生产厂商节约了大量的成本,例如,复印机生产巨头施乐公司每年通过开展对复印机的再制造而节省的成本就达到十几亿元人民币。

复印机再制造可创造出巨大的经济效益与社会效益。例如,国内专业从事废旧办公设备再制造的南京田中复印机再制造有限公司,2011年再制造高速数码复印机年销售量已达到4万台,以此测算,年均可为国家节省外汇支出4亿元人民币,实现利税2 000万元人民币,节约材料1万t,节电1亿kW·h,减少CO_2排放量0.8万t。以现有10万台市场保有量计算,由于消费者主要为租赁公司、各地大小图文公司,间接拉动上下游就业人数约7万人,拉动相关耗材、部件等消耗市场等约50亿元产值。

复印机再制造属劳动密集型行业,可以创造大量的就业机会。再制造业市场潜力非常巨大,能够带动提高相关材料的配套能力。如一些墨水、炭粉、充电辊、刮刀、精密的易损耗配件,价格较高,如果通过大规模地发展再制造业带动零配件的发展,不但有助于降低零配件的成本,而且整个复印机再制造耗材成本也会相应降低,从而为消费者提供物美价廉的产品,其社会效益也是十分显著的。

8.5 坦克发动机再制造

发动机作为坦克的动力源,对坦克的机动性起着关键作用。发动机的可靠性直接关系到坦克的战斗力。由于坦克发动机工作条件恶劣,致使坦克发动机的使用寿命较短。

目前坦克发动机大修主要采用从苏联引进的维修模式,工艺技术水平相对滞后。长期以来,主战坦克车体的大修期与发动机大修期的不同步,给部队的保障工作带来了很多困难。其中,发动机的寿命短已经成为制约装甲部队保障维修的瓶颈。再制造理念及系统技术的出现,为坦克发动机的维修改革提供了一次大飞跃的机遇,通过对坦克发动机进行高科技的再制造,延长主战坦克发动机的服役寿命,将具有重要的军事效益和经济效益。

8.5.1 坦克发动机再制造总体技术方案

坦克发动机再制造技术可行性的立论基础有3个方面。

(1)认为该发动机的强度设计仍有一定裕度。疲劳断裂、变形等失效形式不是该发动机失效的主体,这一点已经被发动机大修厂的积累数据和部队反馈信息所证实。

(2) 到大修期的发动机所表现的使用性能劣化主要表现为功率下降、燃油比油耗和机油比油耗上升。这些现象主要是由发动机内关键摩擦副的磨损造成的。

(3) 出现了大量的新技术、新材料和新工艺,特别是20世纪80年代以来快速发展起来的表面工程技术,能够使零部件表面得到充分的强化,获得整体材料无法达到的耐磨损、耐腐蚀和耐高温性能,为材料表面强化和改性提供了有效的技术手段。这些为坦克发动机的再制造奠定了可靠的技术基础。

目前,民用发动机由于广泛采用新技术、新材料和新的表面处理方法,其使用寿命已经达到了 8 000~10 000 h。例如,德国出产的道依茨发动机,其使用寿命已经超过了 10 000 h,其摩擦副的使用寿命与发动机机体实现了等寿命设计。自 2015 年以来,现代的装备再制造工程理念、先进的表面工程技术及润滑油纳米自修复添加剂技术,为坦克发动机大修寿命从 500 h 提升到 1 000 h 提供了良好的机遇。因此,对坦克发动机进行再制造,在理论、技术和实践上是可行的。

坦克发动机再制造总体技术方案是,以系统的观点综合考虑发动机的全部零部件,并分成直接利用件、再制造件、新品件及新品强化件 4 类,综合采用不同表面工程技术对关键零部件进行修复和强化处理。采用的再制造关键技术包括激光淬火、离子注入、低温离子渗硫、磁控溅射、超音速等离子喷涂、纳米电刷镀、渗氮、渗硼、纳米添加剂、智能化渗油润滑处理、等离子浸没注入等。

发动机再制造的思路是,抓住影响发动机寿命的主要零部件(如缸套与活塞环、曲轴与轴瓦、凸轮与气门调整盘、气门导管与气门杆、三大精密偶件等),同时对发动机附属配件(水泵、电机、机油泵、低压柴油泵和涡轮增压器等)进行强化处理,并兼顾延长寿命后可能出现的其他情况(如水垢、积炭、老化及疲劳等现象)。

8.5.2 坦克发动机再制造关键技术

坦克发动机的失效主要表现为功率下降、燃油比油耗增加、机油比油耗增大和故障率上升等。

通过调研坦克发动机零部件失效的原因及表现形式，发现磨损、腐蚀、变形、断裂是发动机失效的主要原因，但磨损是其中最主要的原因。表8.11为发动机典型零部件失效形式。可以看出，这些零部件的失效主要是由磨损引起的。对坦克发动机大修厂多年积累的数据进行故障概率统计分析表明，因磨损而影响发动机寿命的零部件主要有47项，其中严重影响发动机性能的零部件有十几项，对这些关键零部件的再制造强化是提高坦克发动机使用寿命的关键。下面以几个坦克发动机关键零部件的再制造实例来介绍坦克发动机的再制造过程。

表8.11 发动机典型零部件失效形式

序号	名称	材料及处理工艺	失效形式
1	曲轴箱	铝合金铸件	各轴承孔磨损、瓦座孔烧伤变形
2	气缸盖	铝合金铸件	气门座圈、气门导管内孔磨损、变形
3	连杆	18Cr2Ni4W	上衬套孔磨损变形，疲劳断裂
4	气缸套	42MnCr52，中频淬火	内孔磨损，外壁穴蚀
5	活塞	锻铝	外径、环槽、销孔磨损
6	活塞环	65Mn钢，镀Cr	外径磨损、厚度磨损
7	曲轴	18Cr2Ni4W	轴颈磨损、弯曲变形
8	进、排气门	4Cr10Si2Mo，堆焊	密封面磨损、杆部磨损、气门调整盘磨损
9	活塞销、副连杆销	12CrNi3A，渗碳	外径磨损
10	柱塞、出油阀偶件	GCr15，淬火	外径磨损
11	凸轮轴	模锻件45钢	轴颈凸轮磨损，弯曲变形

(1)曲轴颈及轴瓦再制造。

根据曲轴轴颈与轴瓦的失效特点和性能要求，选择对曲轴主轴颈与轴瓦进行尺寸恢复和减磨强化的技术方案。

由于曲轴轴颈经氰化，在修复时不允许磨削加工，加上曲轴轴颈的尺寸恢复量小，修复过程中的变形要求高，因此从工艺的可行性来看，电刷镀是一项较为适合的技术方法。但是，就常规电刷镀工艺而言，很难获得高硬度的刷镀层，以达到曲轴轴颈氮化后的硬度要求。为此选用了电刷镀纳米复合镀层技术来恢复曲轴磨损尺寸，以期接近或达到曲轴轴颈的技术要求。

再制造的曲轴与轴瓦通过 1 000 h 台架考核试验结果表明：采用纳米电刷镀对曲轴轴颈进行尺寸恢复和电刷镀铟对轴瓦进行减摩，是发动机曲轴与轴瓦再制造的一条有效的技术途径。通过采用电刷镀方法制备的纳米复合镀层，镀层晶粒尺寸细小、抗磨损能力强、结合强度高，提高了曲轴表面纳米复合镀层的耐磨损性能。对应的摩擦副轴瓦沉积一层超润滑镀层，超润滑镀层在与曲轴轴径纳米复合镀层表面对磨过程中，能够提高摩擦副的抗载能力，有效地防止咬合磨损的发生。

(2)活塞再制造。

针对活塞裙部磨损严重、无法修复、大量报废的问题，采用等离子喷涂方法对活塞裙部进行再制造。图 8.51 为装甲兵工程学院自行研制的高效能超音速等离子喷涂系统(HEPJet)，该系统主要包括超音速等离子喷枪、HEPJ－Ⅱ型逆变式等离子喷涂电源、PLC 过程控制与状态点监测和报警控制柜、循环冷却制冷式热交换器、螺杆推进式送粉器、水电气分配器等部件。通过活塞基体预处理、喷涂材料筛选、工艺优化、后续加工等过程的系统研究，实现了活塞的再制造。等离子喷涂再制造前后的活塞裙部状态如图 8.52 所示。从图中可以看出，活塞裙部磨损表面沉积了一层铝合金涂层，使活塞裙部尺寸加大，然后通过专用数控加工中心对活塞外表面双曲线形状进行加工，使活塞裙部尺寸达到工艺规范的要求。

再制造活塞通过 1 000 h 台架考核试验结果表明，在活塞裙部表面制备的镍铝复合涂层耐磨性好，涂层多孔能含油的特点改善了活塞裙部与缸套的润滑条件，发动机工作 1 100 h 后有涂层的活塞裙部磨损量均小于无涂层的活塞裙部，且涂层与基体结合良好。因此，采用超音速等离子喷涂技术在活塞裙部制备镍铝复合涂层可以达到有效恢复活塞裙部尺寸和加大尺寸的目的，为坦克发动机大修获取加大活塞尺寸探索出一条新思路。

图 8.51　装甲兵工程学院自行研制的高效能超音速等离子喷涂系统

图 8.52　等离子喷涂再制造前后的活塞裙部状态

(3) 发动机缸套再制造。

① 气缸套外壁再制造。

图 8.53 为坦克发动机工作一个大修期后缸套外壁腐蚀状态图。从图可以看出，缸套外壁腐蚀非常严重，出现很多的腐蚀坑和孔洞，需要采用再制造关键技术——超音速等离子喷涂技术对缸套外壁进行再制造修复。选用具有防腐性能的镍基合金涂层，对缸套外壁进行再制造修复，使再制造后的缸套外壁尺寸达到标准缸套外径的尺寸要求，同时缸套外壁涂层具有良好的防腐效果，能解决缸套外壁的穴蚀问题。再制造后的缸套外壁表面状态如图 8.54 所示。

台架考核试验表明，采用超音速等离子喷涂镍基合金涂层能够有效地解决气缸套外壁及支撑面的穴蚀问题。镍基合金喷涂层的抗穴蚀能力约是镀铬层的 2 倍以上，约是镀锌层的 4 倍以上，减少了由穴蚀造成的气缸套报废，延长了使用寿命；对原来气缸套支撑面严重的穴蚀只能报废的气缸套成功地进行修复与再制造尚属首次，这将具有显著的军事意义和经济

图 8.53 坦克发动机工作一个大修期后缸套外壁腐蚀状态图

图 8.54 再制造后的缸套外壁表面状态

效益。

②缸套内壁再制造强化。

针对缸套内壁运行工况恶劣、磨损严重的问题,在对缸套/活塞环摩擦副大量匹配优化的基础上,获得了一种适用于坦克发动机缸套内壁再制造强化的激光-渗硫复合处理技术。图 8.55 为缸套渗硫处理设备实物图,一次可以处理大量的坦克发动机缸套。图 8.56 为激光-渗硫再制造复合强化处理后的缸套内壁状态图。处理后的缸套内壁由淬火带的耐磨骨架和含油沟槽组成,外层均匀形成疏松多孔鳞片状的超润滑固体 FeS 相,该覆层抗高温咬合磨损能力强,能阻断在重载条件下可能产生的拉缸,从而抑制咬合磨损;同时具有自润滑效果,能防止发动机启动时机油润滑不良导致的异常磨损,缩短发动机缸套与活塞环的磨合阶段。

台架考核试验结果表明,经过激光渗硫复合处理的发动机缸套,缸套内壁磨损轻微,显著提高了缸套内壁的抗高温磨损能力,有效解决了缸套

图 8.55　缸套渗硫处理设备实物图

图 8.56　激光-渗硫复合处理后的缸套内壁状态图

内壁的磨损严重问题,使缸套的使用寿命大大延长。

(4)进、排气门再制造。

气门锥面由于受到高温燃气的冲刷,工作条件非常恶劣,易产生高温冲击磨损,使气门密封效果降低,从而影响发动机的动力性能。在激光熔覆工艺优化、材料筛选的基础上,通过采用镍基或钴基自熔合金粉末,使用激光束,在大气条件下,对尺寸超差的发动机气门锥面进行再制造,再制造后的气门锥面基体与激光熔覆层的结合强度高;热影响区窄,不对基体产生热损伤;熔覆层及其界面组织致密,晶粒细小,没有孔洞、夹渣、裂纹等缺陷;修复层表面有较高的抗热冲蚀性能和耐高温磨损性能。

图 8.57 所示为气门锥面激光熔覆过程,完成一个气门锥面激光熔覆工作过程只需 30 s。图 8.58 为气门锥面完成激光熔覆后的状态。可以看出,气门锥面激光熔覆后,使原先磨损的深坑尺寸得到了恢复,对激光熔覆层进行机械加工至合格尺寸,便完成了气门的再制造。

气门激光熔覆层的组织观察在奥林巴斯金相显微镜下进行,进气门激光熔覆镍基合金的显微组织如图 8.59 所示。可见,熔覆层与基体结合良好,熔覆层组织均匀,按一定的方向呈柱状和树枝状生长。

图 8.57　气门锥面激光熔覆过程

图 8.58　气门锥面完成激光熔覆后的状态

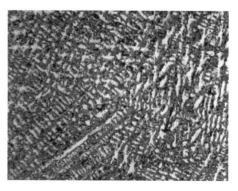

图 8.59　进气门激光熔覆镍基合金的显微组织

台架考核 1 000 h 后,进、排气门的沉降量均在气门大修标准的规范之内,表明研究的气门激光熔覆技术工艺达到了发动机再制造的技术要求,可使大量报废的气门重新获得利用,节约了大量的资源和维修费用。

(5)坦克发动机整机再制造实例。

图 8.60 为某型号坦克发动机再制造前后的状态比较。可以看出再制造后坦克发动机达到了新机的状态。

(a)某型号坦克发动机再制造前的状态　　(b)某型号坦克发动机再制造后的状态

图 8.60　某型号坦克发动机再制造前后的状态比较

在以上发动机再制造关键技术的研究开发基础上,运用综合集成创新的再制造技术,对某型号坦克发动机 16 类关键零部件进行了再制造,实现了发动机零部件的表面强化、改性和运行中的自修复,显著提高了发动机零部件的使用寿命,为坦克再制造发动机使用寿命延长到 1 000 h 奠定了技术基础。

8.5.3　坦克发动机再制造的节能减排效果分析

区别于国际通行的以尺寸修理和换件修理为技术手段的发动机再制造,装备再制造技术国防科技重点实验室运用综合集成创新的先进表面工程技术对坦克发动机零部件进行了再制造,使大量废旧的高附加值发动机零部件得到了重新利用。可见,再制造可使废旧资源中蕴含的价值最大限度地得到开发和利用。再制造是废旧发动机零部件资源化的最佳形式和首选途径,是实现资源节约和节能减排的重要手段。

坦克发动机的主要材料为钢铁、铝材和铜材。当坦克发动机整机或个别零部件达到报废标准后,传统的资源化方式是将发动机拆解、分类回炉,冶炼、轧制成形材后进一步加工利用。经过这些工序,原始制造的能源消耗、劳动力消耗和材料消耗等各种附加值绝大部分被浪费,同时又要重新消耗大量能源,造成了严重的二次污染。而通过对废旧发动机及其零部件进行再制造,一是免去了原始制造中金属材料生产和毛坯生产过程的资源、能源消耗和废弃物的排放;二是免去了大部分后续切削加工和材料处理中相应的消耗和排放,零部件再制造过程中虽然要使用各种表面技术进行必要的机械加工和处理,但因所处理的是局部失效表面,相对整个零部件原始制造过程来讲,其投入的资源(如焊条、喷涂粉末、化学药品)、能源(电能、热能等)和废弃物排放量要少得多,比原始制造要低 1~2 个数量级。

按照上述数据测算,回炉一台发动机共耗能 2 066 kW·h,CO_2 排放量为 137 kg,再制造一台发动机耗能为回炉冶炼后制造成新机的 1/15。资料表明,每回炉冶炼 1 t 金属耗能与 CO_2 排放量数据见表 8.12。一台坦克发动机约 1 100 kg,其中含钢 607 kg、铝合金 482 kg、铜合金 11 kg。按照年再制造 1 000 台坦克发动机统计,可节能 $193×10^4$ kW·h,节约金属 770 t,减少 CO_2 排放量 137 t。

表 8.12　回炉冶炼 1 t 金属耗能与 CO_2 排放量数据

	钢材	铜材	铝材
耗能/(kW·h)	1 784	1 726	2 000
CO_2 排放量/t	0.086	0.25	0.17

由此可见,坦克发动机实施绿色再制造对于促进循环经济发展、节能、节材和保护环境等方面具有重要意义。

通过坦克发动机再制造,可以优化装备的保障过程,显著降低装备全寿命周期的保障费用,节约经费。同时,发动机再制造关键技术在大功率柴油机的制造领域也具有广阔的应用前景。在国家大力提倡加快建设资源节约型、环境友好型社会时,大力发展循环经济,在中央军委"建设节约型军队"号召的背景下,进行坦克发动机再制造,符合国家加快建设资源节约型、环境友好型社会要求,实现节能减排战略,是推动我国社会全面协调和谐发展的需要。

本章参考文献

[1] 张俊哲. 无损检测技术及其应用[M]. 2版. 北京,科学出版社,2010.

[2] 李喜孟. 无损检测[M]. 北京,机械工业出版社,2001.

[3] 袁红梅. 粘结结构界面缺陷超声检测技术及其应用研究[D]. 北京:北京工业大学,2010.

[4] 刘诗巍,陈铭. 汽车产品再制造的清洗技术:原理与方法[J]. 机械设计与研究,2009,25(5):71-78.

[5] 邢忠,姜爱良,谢建军,等. 汽车发动机再制造效益分析及表面工程技术的应用[J]. 中国表面工程,2004(4):1-9.

[6] 王莉莉,陈云翔,王政. 再制造过程在某型军用航空发动机上的应用[J]. 航空制造技术,2009(6):69-71.

[7] 包光平,王瑛,顾明星. 某型航空发动机再制造技术应用探讨[J]. 航空维修与工程,2009(6):48-50.

[8] 智翔. 面向航空发动机构件的激光快速再制造软件系统仿真与实现[D]. 南京:南京航空航天大学,2012.

[9] 杨治国. 粉末高温合金材料的力学特性及其在涡轮盘上的应用研究[D]. 南京:南京航空航天大学,2007.

[10] 杜彦斌,曹华军,刘飞,等. 面向生命周期的机床再制造过程模型[J]. 计算机集成制造系统,2010,16(10):2073-2077.

[11] 曹华军. 废旧机床再制造关键技术及产业化应用[J]. 中国设备工程,2010,(11):7-9.

[12] 刘荫庭. 数控机床维修改造系列讲座——第1讲一个新兴的工业领域——机床大修与数控化改造[J]. 机械工人(冷加工),2002(1):59-61.

[13] 杜彦斌. 退役机床再制造评价与再设计方法研究[D]. 重庆:重庆大学,2012.

[14] 刘纯. 废旧机床再制造综合测试与评价技术研究及应用[D]. 重庆:重庆大学,2008.

[15] 王利群,冷欣新.废弃办公设备回收处理基金研究[J].中国科技投资,2010(6):45-47.

[16] 王璇,梁工谦.再制造逆向物流的废旧产品回收模式分析[J].现代制造工程,2009(4):9-11.

名词索引

B

表面工程 1.1

C

材料科学与工程 1.1
财务管理 5.1
超声波清洗 8.1
超声检测技术 8.1
成本管理 5.1
磁记忆检测技术 8.1

D

低碳发展 1.1
电弧喷涂 1.2
电解清洗 8.1
多寿命周期 1.1

F

废旧装备 1.1

G

高压水射流清洗 8.1
故障诊断技术 3.1

H

海上丝绸之路 1.2
互联网＋再制造 3.1
环境科学与工程 1.1

J

机械工程 1.1
激光熔覆成形 1.2
计划管理 5.1
绩效管理 5.1
浸泡清洗 8.1
废旧产品检测 3.1
决策支持系统 2.3

L

劳动人事管理 5.1
裂痕 2.2
淋洗 8.1
绿色制造 1.1

M

模拟仿真技术 3.1

N

纳米电刷镀技术 1.2

内部缺陷 2.2

P

喷射清洗 8.1

喷丸清洗 8.1

Q

全寿命周期 1.1

R

热分解清洗 8.1

人工神经网络 7.3

人工智能 1.2

S

3D 打印 1.2

升级再制造 3.1

生产管理 5.1

生物工程技术 3.1

实时通信技术 3.1

寿命评估技术 1.1

T

特种材料 3.1

W

维修 1.1

涡流检测技术 8.1

物资管理 5.1

X

系统工程 2.3

系统协同技术 3.1

信息科学与工程 1.1

性能评估技术 3.1

性能升级 1.1

循环经济 1.1

循环式发展 1.1

Y

"一带一路"倡议 1.2

以旧换再 1.2

应力集中 2.2

原型产品 1.1

Z

再处置 1.1

再循环 1.1

再制造 1.1

再制造标准管理 6.1

再制造标准体系 1.1

再制造仓储 4.3

名词索引

再制造拆解技术 1.1

再制造产品标准 6.3

再制造产业 1.2

再制造成形加工技术 1.1

再制造服务企业 5.2

再制造工程管理 2.2

再制造关键技术标准 6.3

再制造管理标准 6.3

再制造基础通用标准 6.3

再制造率 1.1

再制造毛坯 1.1

再制造毛坯修复 3.1

再制造逆向物流 4.1

再制造企业管理 5.2

再制造清洗技术 1.1

再制造认证 1.2

再制造设计技术 1.1

再制造生产管理 4.3

再制造生产计划 4.3

再制造生产企业 5.2

再制造市场 1.2

再制造寿命评估技术 1.1

再制造损伤评价技术 1.1

再制造系统规划技术 1.1

再制造质量管理 7.1

在线状态检测 3.1

在役再制造 1.2

增材再制造 1.2

战略性新兴产业 1.1

质量管理 5.1

智能加工 3.1

智能控制系统 3.1

转型升级 1.1

资源再生 1.1

自动化微束等离子 1.2